권루시안 옮김

편집사이자 번역가로서 다양한 분야의 다양한 책을 독자에게 아름답고 정확한 번역으로 소개하려 노력하고 있다. 옮긴 책으로는『크리스마스 칵테일과 레코드』, 『칵테일과 레코드』, 『과학을 만든 사람들』(진선출판사)과 에릭 해블록의『뮤즈, 글쓰기를 배우다』(문학동네), 데이비드 크리스털의『언어의 죽음』(이론과실천) 등이 있다.

칵테일의 기술

인쇄 – 2025년 2월 11일
발행 – 2025년 2월 18일
지은이 – 파라곤 북스(Parragon Books)
옮긴이 – 권루시안
발행인 – 허진
발행처 – 진선출판사(주)
편집 – 김경미, 최윤선, 최지혜
디자인 – 고은정
총무 · 마케팅 – 유재수, 나미영, 허인화
주소 – 서울시 종로구 삼일대로 457 (경운동 88번지) 수운회관 15층
전화 (02)720-5990 팩스 (02)739-2129
홈페이지 www.jinsun.co.kr
등록 – 1975년 9월 3일 10-92

*책값은 뒤표지에 있습니다.

ISBN 979-11-93003-67-1 13590

THE ART OF MIXOLOGY

칵테일의 기술

THE ART OF MIXOLOGY

칵테일의 기술

클래식 칵테일과 현대적인 레시피의 조합

진선books

홈 바텐더를 위한 참고 사항

- 이 책에서 1작은술은 5ml, 1큰술은 15ml로 간주한다(재료를 숟가락 끝에 맞춰 평평하게 깎아 계량한다).
- 이 책에서 1스플래시는 뚜렷하게 그 맛이 날 만큼 한 번 쭉 붓는다는 느낌으로 넣는 양(약 6ml)이고, 1대시는 어렴풋이 그 맛이 느껴질 만큼 찔끔 넣는 양(약 1ml = 5~6방울)이다.
- 따로 표시가 없으면 우유는 지방을 제거하지 않은 것을 말하며, 달걀은 중간 크기를, 후추는 갓 간 것을, 소금은 정제 소금을 가리킨다.
- 레시피에 칵테일 재료를 거르도록 되어 있는 경우, 스트레이너를 이용하여 거른다(8쪽 참조).
- 표시된 시간은 대략적인 안내일 뿐이며 준비 시간은 개인에 따라, 기술에 따라 달라질 수 있다.

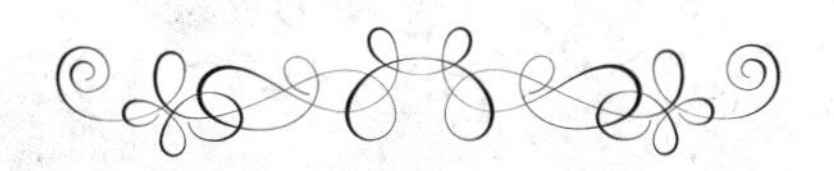

CONTENTS

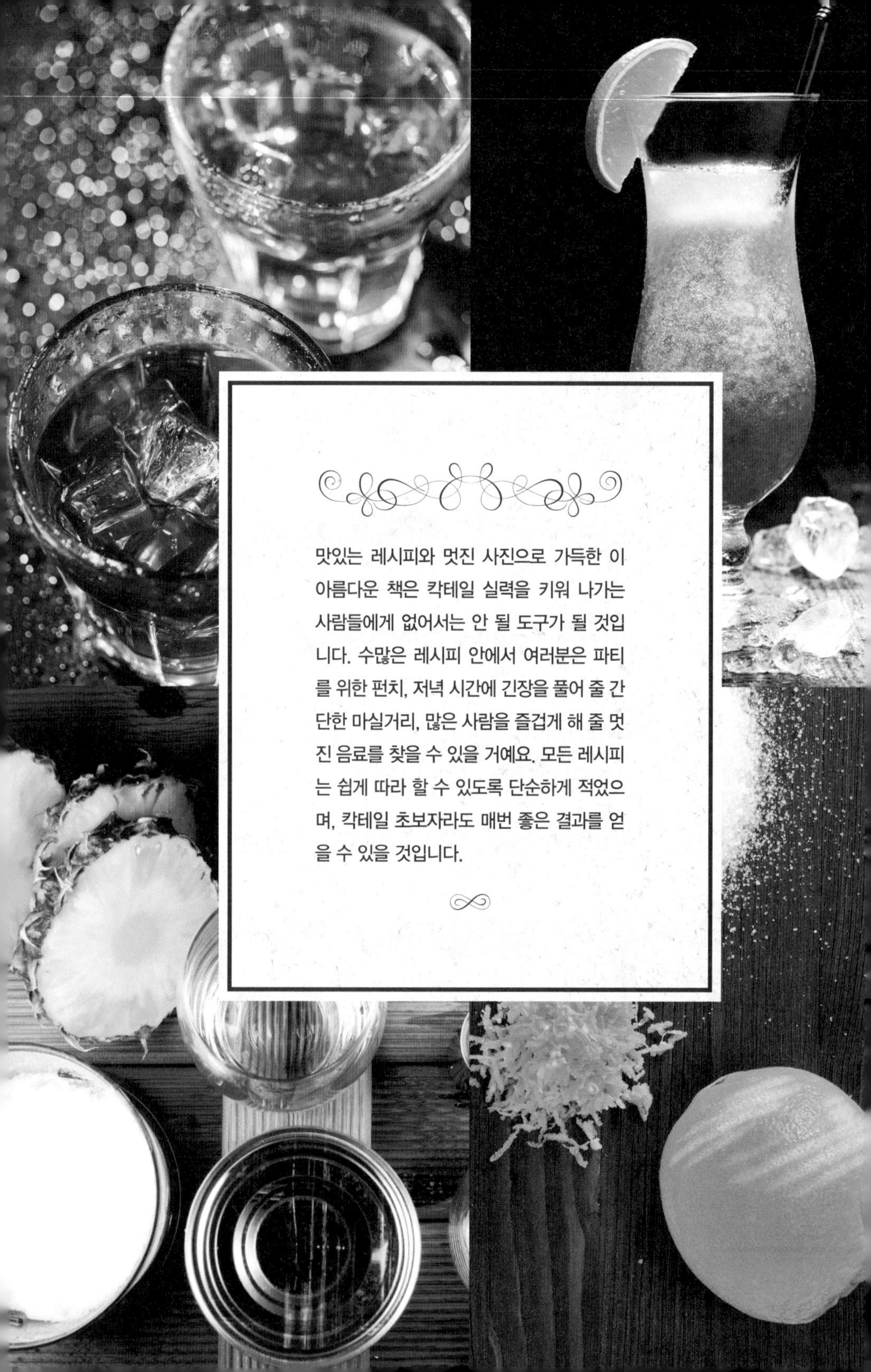

맛있는 레시피와 멋진 사진으로 가득한 이 아름다운 책은 칵테일 실력을 키워 나가는 사람들에게 없어서는 안 될 도구가 될 것입니다. 수많은 레시피 안에서 여러분은 파티를 위한 펀치, 저녁 시간에 긴장을 풀어 줄 간단한 마실거리, 많은 사람을 즐겁게 해 줄 멋진 음료를 찾을 수 있을 거예요. 모든 레시피는 쉽게 따라 할 수 있도록 단순하게 적었으며, 칵테일 초보자라도 매번 좋은 결과를 얻을 수 있을 것입니다.

들어가며

칵테일은 현대사에서 다채로운 역할을 해 왔고 대중문화 속에 확고하게 자리를 잡았다. 최초로 만들어진 칵테일의 역사는 미스터리로 남아 있으며, 그 덕분에 재미있는 이야기가 많이 전해 내려온다. 비교적 널리 퍼진 이야기 중 하나는 미국 독립 전쟁 동안 미국 군인과 프랑스 군인들이 베치스 태번(Betsy's Tavern)에 자주 들러, 베치가 혼합하여 만드는 '베치스 브레이서(Betsy's Bracer)'라는 이름의 유명한 알코올 음료를 즐겼다는 이야기이다. 어느 날 밤 술과 파티로 한껏 흥이 올랐을 때 미국인 병사 한 명이 이웃집 마당에서 수평아리 두 마리를 훔쳤다. 그는 술친구들과 함께 자신이 훔친 전리품을 들어 올리며 이렇게 말했다. "아름다운 수탉 꼬리(cock's tail)만큼이나 구미에 잘 맞는 멋진 술을 위해 건배." 어느 프랑스인 장교가 이 건배사에 "칵테일 만세!"라는 함성으로 화답하면서 칵테일이라는 용어가 태어났다고 한다.

탄생한 이후로 칵테일에는 여러 가지 유행이 오고 갔다. 실용적인 칵테일 시대(미국에서는 금주법 시대 동안 가정에서 담근 증류주의 거친 맛을 감추기 위해 다른 음료를 섞어 묽게 만들었다)로부터 겉보기에 치중한 1980년대의 화려한 칵테일 시대로 그리고 연극이나 영화의 등장인물을 통해 유명해진 21세기 초의 단순하고 세련된 칵테일 시대로 바뀌었다.

숙련된 믹솔로지스트(mixologist)의 기술은 쉽게 따라 할 수 있는 원칙을 바탕으로 삼아 올바른 길로 안내함으로써 놀라울 정도로 다양한 종류의 칵테일과 혼합 음료를 누구라도 만들어 낼 수 있게 한다. 이 책에서는 여러분에게 필요한 기술을 모두 알려 주며, 여기 소개된 모든 종류의 칵테일 레시피에 적용할 수 있을 것이다. 이 다음에 소개하는 용어와 기법을 잘 읽기만 하면 레시피를 시작할 수 있다. 머지않아 여러분은 최고의 레시피대로 칵테일을 섞고 흔들게 될 것이다.

꼭 필요한 도구

셰이커

몸통, 스트레이너, 뚜껑의 세 부분으로 이루어진 코블러 셰이커(마티니 셰이커)와 금속제 컵 2개(또는 파인트 유리컵 1개와 금속제 컵 1개)로 이루어진 보스턴 셰이커가 있다. 용량이 크고 활용하기 더 용이한 보스턴 셰이커를 추천한다.

믹싱 글라스

젓는 칵테일을 만드는 데 사용한다. 커다란 그릇이나 저그를 대용품으로 쓸 수 있지만, 전용 믹싱 글라스를 마련하는 것도 좋다.

스트레이너(거르개)

스트레이너는 칵테일을 셰이커나 믹싱 글라스에서 잔에 따를 때 얼음이나 그 밖의 재료가 쓸려 들어가지 않게 하는 최고의 도구이다. 흔들어 만드는 칵테일에 쓰는 호손 스트레이너와 저어 만드는 칵테일에 사용하는 줄렙 스트레이너가 있다.

바스푼

손잡이가 긴 이 숟가락은 믹싱 글라스 안에서 칵테일을 저을 때 사용한다.

지거

이 작은 계량컵은 모래시계처럼 생긴 양면형이 많다. 이 책에 실린 레시피에는 용량이 한쪽은 25ml이고 뒤집으면 50ml인 지거가 알맞다. 중요한 것은 구체적인 양이 아니라 각 재료의 비율이다. 지거가 없으면 샷 잔을 대신 쓸 수 있다.

머들러

잔 바닥에 허브 등의 재료를 놓고 짓이길 때 쓰는 소형 공이이다. 식품과 반응하지 않는 나무로 만든 것이 좋다.

그 밖의 도구

그 밖에도 준비해 두면 좋은 도구로는 다음과 같은 것들이 있다. 병따개, 와인 오프너, 칵테일 스틱, 시트러스 프레스(레몬 즙 짜개)와 제스터(미세 강판), 도마, 과도, 저그, 얼음 통과 집게, 우유가 들어가는 칵테일이나 슬러시를 만들 때 쓸 블렌더. 그리고 스위즐 스틱과 빨대도 있으면 좋다.

마티니 잔

가장 눈에 띄는 칵테일 잔인 마티니 잔은 재료가 분리되지 않게 해 주는 원뿔 모양이다. 또 스템은 술을 시원한 상태로 유지해 준다.

쿠페 잔

이 잔은 원래 거품과 함께 내놓는 데 사용되었던 초기의 샴페인 쿠페를 바탕으로 한다. 잔 입구가 넓어 테두리에 소금을 묻히기에 알맞기 때문에 마르가리타를 내놓는 데 이상적이다.

허리케인 잔

크기가 크고 스템은 짧은 이 잔은 모양이 허리케인 램프를 닮았다고 하여 이름이 붙었다. 원래는 미국 뉴올리언스의 바 팻 오브라이언스(Pat O'Brien's)의 명물인 허리케인 칵테일을 내놓을 때 사용되었지만, 오늘날에는 이국적인 차가운 칵테일이나 블렌디드 칵테일에 더 흔히 사용된다.

샴페인 잔

잔의 입구가 좁고 길쭉한 모양의 이 잔은 액체의 표면적을 줄여 샴페인이 거품을 오래 유지하도록 설계되었다.

하이볼 잔

이 잔은 높이가 높아서 증류주에 섞는 음료의 비율이 높은 단순한 칵테일에 알맞다. 비슷하게 생겼지만 조금 더 큰 콜린스 잔 대신 쓸 수 있을 정도로 다목적이다.

온더락 잔

'락', '로우볼', '올드 패션드' 같은 용어는 높이가 낮고 바닥이 넓은 잔을 가리키는 용도로 자주 사용된다. 얼음을 담는 데 적합하며, 증류주를 '온더락(얼음 위에 붓기)'으로 내놓는 데 사용된다. 칵테일을 내놓는 데에도 좋다.

샷 잔

홈 바의 필수품인 샷 잔은 한입에 마실 수 있는 만큼의 액체를 담는다. 바닥이 두꺼워 바에 탁 내려놓아도 견딜 수 있다.

아이리시 커피 잔

아이리시 커피 잔의 두 가지 특징은 내열 유리와 손잡이이다. 토디 같은 뜨거운 칵테일에 적합하다.

믹싱 기법

칵테일을 만드는 작업에는 숙련된 전문가의 능숙한 손길이 필요하다. 섞는 기술이 좋을수록 칵테일의 질이 좋아진다. 칵테일을 섞는다는 것은 재료를 모두 잔에 넣고 저으면서 최상의 결과가 나오기를 바라는 것이 전부가 아니다. 여러 가지 섞는 방법이 있으며, 그 모두가 장점이 있다. 다음은 가장 일반적으로 쓰이는 방법으로, 여러분이 이 책에서 보게 될 것들이다.

흔들기(셰이킹)

모든 재료를 얼음과 함께 셰이커 안에 넣은 다음, 약 5초 동안 세차게 흔드는 방법이다. 흔들기의 장점은 칵테일이 빠르게 섞이고 차가워지며 공기와 혼합된다는 것이다. 칵테일을 흔들고 나면 셰이커의 바깥면에 약간의 서리가 맺힐 것이다. 칵테일을 흔들면 또 술이 상당히 묽어진다. 이렇게 희석되는 것은 칵테일을 만드는 과정에서 필요한 부분이며, 이로 인해 맛과 농도, 온도가 정확한 균형을 유지하게 된다.

또한 달걀 흰자 등 강하게 섞지 않으면 다른 재료와 효과적으로 혼합되지 않는 재료가 포함되는 칵테일을 준비할 때 사용할 수 있는 방법이다.

젓기(스터링)

모든 재료를 얼음과 함께 섞지만, 이번에는 믹싱 글라스나 작은 저그 안에 넣고 손잡이가 긴 바스푼을 사용하여 젓는 방법이다.

흔들기와 마찬가지로 이 방법을 쓰면 얼음을 너무 많이 녹이지 않으면서 재료를 섞고 차게 할 수 있으므로, 농도를 조절하는 동시에 최대한 덜 묽어지는 상태를 유지할 수 있다.

간단하지만 중요한 이 기술은 클래식한 드라이 마티니처럼 많이 묽힐 필요가 없는 칵테일을 만들 때 필수적이다.

직접 넣기(빌딩)

예를 들어 진 토닉을 만들 때와 같은 방식으로 그냥 잔 안에 직접 부어 넣는 방법이다. 이렇게 칵테일을 만들 때는 레시피의 설명을 철저하게 따르는 것이 중요하다. 칵테일에 따라 재료를 넣는 순서가 달라질 수 있고, 그에 따라 완성품의 맛이 달라질 수 있기 때문이다.

짓이기기(머들링)

과육이나 과일 껍질, 허브, 향신료 등으로부터 즙이나 오일을 뽑아내는 것을 가리키는 용어이다. 짓이길 때에는 머들러를 사용한다. 칵테일용 머들러를 따로 준비해도 좋고, 나무 숟가락 끝부분을 사용해도 된다.

블렌더로 섞기(블렌딩)

이름에서 알 수 있듯이 재료를 블렌더에 넣고 돌리는 방법이다. 블렌더로 섞은 '블렌디드 칵테일'은 대부분 내용물이 부드럽다. 재료는 대개 잘게 부순 얼음과 함께 섞으며, 흔들거나 젓는 방법을 쓸 수 없는 신선한 과일 같은 재료가 포함될 때가 많다.

층 쌓기(플로팅/레이어링)

칵테일 안에 층을 만들 때는 설명을 주의 깊게 따르면서 무거운 증류주나 리큐어를 잔에 먼저 넣는다. 순서가 잘못되면 한 층이 다른 층으로 번지면서 칵테일의 모양을 망칠 수 있다. 가장 밑층을 만들 때에는 잔 중앙에 붓고, 될 수 있는 대로 잔 옆면을 따라 흘러 내려가지 않도록 주의한다. 두 번째 층을 올릴 때에는 찻숟가락을 뒤집어 끝이 유리잔 안 옆면에 닿게 한 다음, 숟가락 뒷면을 따라 천천히 붓는다(수위가 올라감에 따라 숟가락도 위로 올린다). 나머지 액체 재료도 층을 올릴 때마다 깨끗한 숟가락을 사용하여 같은 방법으로 부어 넣는다.

스타일과 감각

칵테일을 만드는 일에서 얼음을 넣는 작업은 매우 중요하다. 제대로 하면 훌륭한 칵테일의 기본이 되지만, 잘못 넣으면 그저 평범한 음료에 그칠 수 있다. 얼음은 두 가지 일을 한다. 섞는 과정에서 차갑게 해 주고, 재료가 잘 섞이는 데 도움을 준다. 그리고 칵테일을 내놓을 때 찬 상태를 유지해 주고, 너무 많이 묽어지지 않도록 막아 준다. 칵테일에서는 세 가지 종류의 얼음을 사용한다. 각기 독특한 특성이 있어서 칵테일의 스타일과 맛을 보완한다.

각 얼음(Cubed Ice)

일반적으로 칵테일을 마무리하는 데 사용된다. 잔 안에 얼음을 많이 넣을수록 완성된 칵테일이 더 차가워지고 덜 묽어진다. 각 얼음은 얼음 트레이를 냉동실에 넣어 만들 수 있다. 2센티미터 크기 정육면체라면 대부분의 칵테일을 마무리하는 용도로 가장 적당하다. 필요에 따라 각 얼음을 깨어 깬 얼음이나 잘게 부순 얼음을 만든다.

깬 얼음(Cracked Ice)

각 얼음보다 크기가 작으며, 일반적으로 셰이커 안에서 액체 재료를 차게 만들 때 사용한 다음 걸러 낸다. 깬 얼음은 각 얼음으로 만든다. 각 얼음을 깨끗한 마른 주방 수건으로 싸서 방망이로 가볍게 두드려 깬다. 각 얼음의 절반보다 작지 않은 크기로 깨는 것이 좋다.

잘게 부순 얼음(Crushed Ice)

블렌디드 칵테일을 만드는 데 적합하다. 재료가 빠르게 섞이게 할 뿐 아니라 섞은 칵테일 전체를 매우 빠르게 차게 식히기 때문이다. 일부 칵테일에는 빈 공간을 많이 남기는 각 얼음보다 잘게 부순 얼음이나 깬 얼음이 더 나은데, 잔에 얼음을 최대한 채울 수 있기 때문이다. 잘게 부순 얼음을 만들려면 각 얼음을 깨끗한 마른 주방 수건으로 싸서 방망이로 몇 차례 내려친다. 매우 작은 크기로 부순다.

장식(가니시)

칵테일을 결정하는 것은 장식이라고 생각하는 사람이 많다. 경우에 따라 칵테일 자체의 성격을 반영하여 장식하기도 한다. 피냐 콜라다에는 언제나 파인애플 슬라이스가 올라간다는 점을 생각해 보면 알 것이다. 때로 장식물은 결정적으로 중요한 재료가 되지만, 대개는 칵테일을 더 맛있어 보이기 위해 추가된다.

칵테일에 마지막 손질을 하기 위한 기본 지침이 있지만, 장식하는 방식은 궁극적으로 여러분의 상상력과 예술적 감각에 달려 있습니다.

가장 간단한 규칙 중 하나는 칵테일의 주된 맛에 어울리도록 장식하는 것입니다. 여러분의 칵테일을 빈 화폭이라고 생각하세요. 이 책에서 우리는 레시피에 따라 몇 가지 간단한 장식을 추천해 두었지만, 조금 더 재미있게 즐기고 싶다면 규칙은 신경 쓰지 말고 원하는 대로 직접 장식해 보세요.

자신의 칵테일을 즐기되, 건강을 해치지 않도록 주의하세요. 무슨 칵테일을 만들든, 마음껏 실험하면서 여러분만의 즐거움을 얻는 것이 중요합니다. 이 책의 레시피를 따르고, 검증된 혼합 방법을 완벽하게 적용하며, 칵테일에 맞는 잔을 사용하세요. 그런 다음 마음껏 장식하고 즐겨 보세요!

진 & 보드카

GIN & VODKA

1인분

재료

진 75ml
드라이 베르무트 1작은술(취향에 따라)
칵테일 올리브(장식용)

마티니

MARTINI

1. 깬 얼음을 셰이커에 넣는다.
2. 그 위에 진과 베르무트를 붓는다.
3. 서리가 충분히 맺힐 때까지 흔든다. 차게 식힌 칵테일 잔에 걸러 붓는다.
4. 올리브로 장식한다. 즉시 내놓는다.

1인분

재료

진 50ml
체리 브랜디 25ml
레몬 주스 25ml
그레나딘 시럽 1작은술
소다수
라임 껍질, 칵테일 체리(장식용)

싱가포르 슬링

SINGAPORE SLING

1. 깬 얼음을 셰이커에 넣고, 그 위에 진을 붓는다.
2. 그 위에 체리 브랜디, 레몬 주스, 그레나딘 시럽을 붓고, 서리가 충분히 맺힐 때까지 세차게 흔든다.
3. 차게 식힌 잔에 깬 얼음을 반쯤 채운 다음, 칵테일을 얼음 위로 걸러 붓는다.
4. 소다수를 부어 잔을 채운 다음, 라임 껍질과 체리로 장식한다. 즉시 내놓는다.

1인분

재료

진 75ml
레몬 주스 50ml
심플 시럽 12.5ml
소다수
레몬 슬라이스(장식용)

톰 콜린스
TOM COLLINS

1. 깬 얼음을 셰이커에 넣는다.
2. 그 위에 진, 레몬 주스, 심플 시럽을 붓고, 서리가 충분히 맺힐 때까지 세차게 흔든다.
3. 차게 식힌 콜린스 잔에 걸러 붓는다.
4. 소다수를 부어 잔을 채운 다음, 레몬 슬라이스로 장식한다. 즉시 내놓는다.

1인분

재료

신선한 민트 가지 2개, 장식용으로 1개
진 50ml
레몬 주스 25ml
심플 시럽 1작은술
각 얼음 4~6개(잘게 부순다)
탄산수

벨 콜린스
BELLE COLLINS

1. 민트 가지를 짓이긴다.
2. 짓이긴 민트를 차게 식힌 텀블러 잔에 넣고 진, 레몬 주스, 심플 시럽을 붓는다.
3. 잘게 부순 얼음을 잔에 넣는다.
4. 탄산수를 부어 잔을 채우고 가볍게 저은 다음, 신선한 민트 가지로 장식한다. 즉시 내놓는다.

진 리키
GIN RICKEY

1인분

재료
진 50ml 라임 주스 25ml 소다수 레몬 슬라이스(장식용)

1. 하이볼 잔이나 고블릿에 깬 얼음을 채운다.
2. 그 위에 진과 라임 주스를 붓는다.
3. 소다수를 부어 잔을 채운다.
4. 가볍게 저어 섞은 다음, 레몬 슬라이스로 장식한다. 즉시 내놓는다.

슬로 키스
A SLOE KISS

1인분

재료

슬로 진 12.5ml
서던 컴포트 12.5ml
보드카 25ml
아마레토 1작은술
갈리아노 1스플래시
오렌지 주스
오렌지 껍질 트위스트(장식용)

1. 깬 얼음을 셰이커에 넣는다. 그 위에 슬로 진, 서던 컴포트, 보드카, 아마레토를 붓고, 서리가 충분히 맺힐 때까지 흔든다.

2. 차게 식힌 하이볼 잔에 깬 얼음을 채우고, 그 안에 걸러 붓는다.

3. 갈리아노를 뿌린다.

4. 오렌지 주스를 부어 잔을 채우고, 오렌지 껍질 트위스트로 장식한다. 즉시 내놓는다.

1인분

재료

진 25ml
화이트 럼 25ml
파인애플 주스 25ml

팜 비치

PALM BEACH

1. 깬 얼음을 넣은 셰이커에 진, 럼, 파인애플 주스를 붓고, 서리가 충분히 맺힐 때까지 세차게 흔든다.
2. 차게 식힌 잔에 걸러 붓는다.

1인분

재료

진 25ml
테킬라 12.5ml
드라이 오렌지 큐라소 12.5ml
레몬 주스 12.5ml
달걀 흰자 1대시
오렌지 껍질 트위스트(장식용)

파이어플라이

FIREFLY

1. 얼음을 넣은 셰이커에 재료를 붓고, 서리가 충분히 맺힐 때까지 흔든다.
2. 차게 식힌 칵테일 잔에 걸러 붓고, 오렌지 껍질 트위스트로 장식한다. 즉시 내놓는다.

1인분

재료

각설탕 1개
진 25ml
강판에 간 육두구
레몬 슬라이스(곁들여 내놓을 것)

진 슬링

GIN SLING

1. 각설탕을 온더락 잔에 넣고, 뜨거운 물 125ml를 붓는다. 설탕이 녹을 때까지 젓는다.

2. 저으면서 진을 넣고 육두구를 뿌린 다음, 레몬 슬라이스와 함께 즉시 내놓는다.

1인분

재료

진 25ml
트리플 섹 25ml
오렌지 주스 1작은술
레몬 주스 1작은술
레몬 껍질 트위스트(장식용)

메이든스 프레어

MAIDEN'S PRAYER

1. 얼음을 넣은 셰이커에 재료를 붓고, 서리가 충분히 맺힐 때까지 세차게 흔든다.

2. 차게 식힌 칵테일 잔에 걸러 붓고, 레몬 껍질 트위스트로 장식한다. 즉시 내놓는다.

1인분

재료
진 75ml 레몬 주스 25ml 그레나딘 시럽 1큰술 심플 시럽 1작은술 소다수 오렌지 웨지(장식용)

데이지
DAISY

1. 깬 얼음을 셰이커에 넣는다.

2. 그 위에 진, 레몬 주스, 그레나딘 시럽, 심플 시럽을 붓고, 서리가 충분히 맺힐 때까지 세차게 흔든다.

3. 차게 식힌 하이볼 잔에 칵테일을 걸러 붓는다.

4. 소다수를 부어 잔을 채우고 가볍게 저은 다음, 오렌지 웨지로 장식한다. 즉시 내놓는다.

블러드하운드

BLOODHOUND

1인분

재료
진 50ml 스위트 베르무트 25ml 드라이 베르무트 25ml 딸기 3개, 장식용으로 1개 각 얼음 4~6개(깬다)

1. 진, 스위트 베르무트, 드라이 베르무트, 딸기를 블렌더에 넣는다.
2. 깬 얼음을 넣는다.
3. 부드러워질 때까지 돌린다.
4. 차게 식힌 칵테일 잔에 부은 다음, 남은 딸기로 장식한다. 즉시 내놓는다.

1인분

재료

진 15ml
옐로우 샤르트뢰즈 15ml

알래스카

ALASKA

1. 각 얼음을 넣은 셰이커에 진과 샤르트뢰즈를 붓고, 서리가 충분히 맺힐 때까지 흔든다.

2. 차게 식힌 잔에 걸러 부은 다음, 즉시 내놓는다.

1인분

재료

진 50ml
트리플 섹 25ml
오렌지 주스 50ml
파인애플 주스 25ml
파인애플 슬라이스와 잎(장식용)

하와이언 오렌지 블라섬

HAWAIIAN ORANGE BLOSSOM

1. 얼음을 넣은 셰이커에 재료를 붓고, 서리가 충분히 맺힐 때까지 흔든다.

2. 차게 식힌 와인 잔에 걸러 붓고, 파인애플 슬라이스와 잎으로 장식한다. 즉시 내놓는다.

1인분

재료

진 50ml
듀보네 50ml
체리 브랜디 25ml
오렌지 주스 25ml
오렌지 껍질 트위스트(장식용)

웨딩 벨

WEDDING BELLE

1. 각 얼음을 넣은 셰이커에 재료를 붓고, 서리가 충분히 맺힐 때까지 흔든다.
2. 차게 식힌 잔에 걸러 붓고, 오렌지 껍질 트위스트로 장식한다. 즉시 내놓는다.

1인분

재료

슬로 진 37.5ml
진 25ml
자몽 주스 62.5ml
심플 시럽 12.5ml
자몽 슬라이스(장식용)

브라이즈 마더

BRIDE'S MOTHER

1. 각 얼음을 넣은 셰이커에 재료를 붓고, 서리가 충분히 맺힐 때까지 세차게 흔든다.
2. 잘게 부순 얼음을 잔에 넣고, 그 위에 걸러 붓는다. 자몽 슬라이스로 장식한 다음, 즉시 내놓는다.

문라이트
MOONLIGHT

4인분

재료
자몽 주스 75ml 진 100ml 키르슈 25ml 화이트 와인 100ml 레몬 제스트 ½작은술

1. 각 얼음을 넣은 셰이커에 재료를 모두 붓고, 서리가 충분히 맺힐 때까지 세차게 흔든다. 차게 식힌 잔에 걸러 붓고, 즉시 내놓는다.

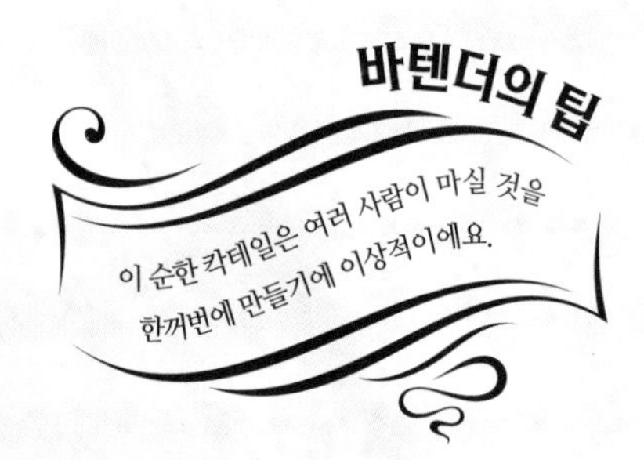

세븐스 헤븐

SEVENTH HEAVEN

1인분

재료
진 50ml 마라스키노 리큐어 12.5ml 자몽 주스 12.5ml 신선한 민트 가지(장식용)

1. 각 얼음을 넣은 셰이커에 재료를 붓고, 서리가 충분히 맺힐 때까지 세차게 흔든다.
2. 차게 식힌 칵테일 잔에 걸러 붓는다. 민트 가지로 장식한 다음, 즉시 내놓는다.

1인분

티어드롭

TEARDROP

재료

진 25ml
살구 넥타 또는 복숭아 넥타 50ml
라이트 크림 25ml(없으면 생크림)
잘게 부순 얼음
딸기 시럽 12.5ml
신선한 딸기, 복숭아 슬라이스(장식용)

1. 진, 살구 넥타, 크림을 블렌더에 넣고, 거품이 고루 생기고 걸쭉해질 때까지 5~10초 동안 돌린다.
2. 잘게 부순 얼음을 채운 하이볼 잔에 붓는다.
3. 그 위에 딸기 시럽을 뿌린 다음, 딸기와 복숭아 슬라이스로 장식한다. 즉시 내놓는다.

1인분

블루 블러디드

BLUE BLOODED

재료

진 25ml
패션프루트 넥타 25ml
깍둑썬 멜론 또는 망고 4조각
각 얼음 4~6개(블렌더에 넣을 것, 깬다)
블루 큐라소 1~2작은술

1. 진, 패션프루트 넥타, 멜론 조각, 깬 얼음을 블렌더에 넣고, 서리가 맺히고 부드러워질 때까지 돌린다.
2. 차게 식힌 하이볼 잔에 깬 얼음을 채운 다음, 칵테일을 붓고 그 위에 큐라소를 넣는다. 즉시 내놓는다.

1인분

푸시캣

PUSSYCAT

재료

그레나딘 시럽 1대시
진 50ml
파인애플 주스
파인애플 슬라이스(장식용)

1. 차게 식힌 텀블러 잔에 깬 얼음을 반쯤 채운다.
2. 얼음 위에 그레나딘 시럽을 뿌린 다음, 진을 붓는다.
3. 파인애플 주스를 부어 잔을 채우고, 파인애플 슬라이스로 장식한다. 즉시 내놓는다.

1인분

블루 블루 블루

BLEU BLEU BLEU

재료

잘게 부순 얼음
진 25ml
보드카 25ml
테킬라 25ml
신선한 레몬 주스 25ml
달걀 흰자 2대시
블루 큐라소 25ml
소다수
레몬 슬라이스(장식용)

1. 잘게 부순 얼음을 셰이커에 넣는다.
2. 진, 보드카, 테킬라, 레몬 주스, 달걀 흰자, 큐라소를 넣고, 서리가 맺힐 때까지 흔든다.
3. 잘게 부순 얼음을 채운 하이볼 잔에 칵테일을 걸러 부은 다음, 소다수를 부어 잔을 채운다. 레몬 슬라이스로 장식한다. 즉시 내놓는다.

그랜드 로열 클로버 클럽
GRAND ROYAL CLOVER CLUB

1인분

재료

진 50ml
레몬 주스 25ml
그레나딘 시럽 25ml
달걀 흰자 1개
라임 껍질 트위스트(장식용)

1. 얼음을 넣은 셰이커에 재료를 붓는다.
2. 서리가 충분히 맺힐 때까지 세차게 흔든 다음, 차게 식힌 칵테일 잔에 걸러 붓는다.
3. 라임 껍질 트위스트로 장식한 다음, 즉시 내놓는다.

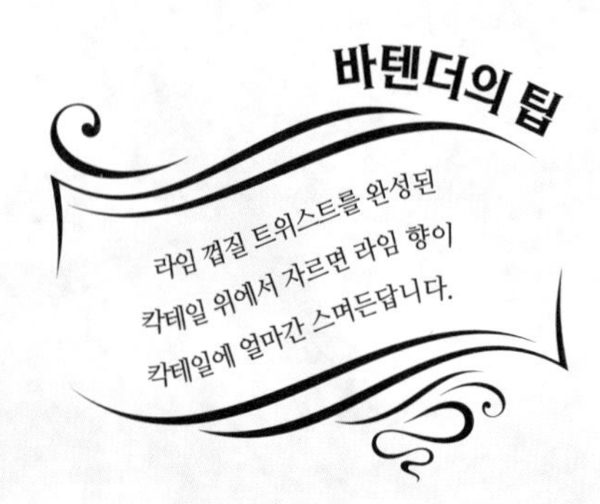

더 블루 트레인

THE BLUE TRAIN

1인분

재료
진 50ml 트리플 섹 25ml 레몬 주스 25ml 블루 큐라소 1스플래시

1. 깬 얼음을 넣은 셰이커에 재료를 모두 붓는다.
2. 서리가 충분히 맺힐 때까지 세차게 흔든 다음, 차게 식힌 칵테일 잔에 걸러 붓는다. 즉시 내놓는다.

1인분

재료

진 75ml
사케 12.5ml
레몬 껍질 트위스트(장식용)

사케티니

SAKETINI

1. 얼음을 넣은 셰이커에 진과 사케를 붓고, 서리가 충분히 맺힐 때까지 세차게 흔든다.
2. 차게 식힌 칵테일 잔에 걸러 부은 다음, 레몬 껍질 트위스트로 장식한다. 즉시 내놓는다.

1인분

재료

진 50ml
그린 샤르트뢰즈 25ml
라임 주스 1대시

그린 레이디

GREEN LADY

1. 얼음을 넣은 셰이커에 재료를 모두 붓고, 서리가 충분히 맺힐 때까지 세차게 흔든다.
2. 차게 식힌 칵테일 잔에 걸러 부은 다음, 즉시 내놓는다.

베철러스 베이트

BACHELOR'S BAIT

1인분

재료

진 50ml
그레나딘 시럽 1작은술
달걀 흰자 1개
오렌지 비터스 1대시

1. 각 얼음을 넣은 셰이커에 진, 그레나딘 시럽, 달걀 흰자를 붓고, 서리가 충분히 맺힐 때까지 흔든다.

2. 오렌지 비터스를 넣고 다시 잠깐 흔든 다음, 차게 식힌 칵테일 잔에 걸러 붓는다. 즉시 내놓는다.

크리올 레이디

CREOLE LADY

1인분

재료

진 50ml
마데이라 와인 37.5ml
그레나딘 시럽 1작은술
칵테일 체리(장식용)

1. 믹싱 글라스에 깬 얼음을 넣고, 그 위에 재료를 붓는다.

2. 잘 저어 섞은 다음, 차게 식힌 잔에 걸러 붓는다.

3. 칵테일 체리로 장식한 다음, 즉시 내놓는다.

1인분

재료
보드카 50ml
트리플 섹 25ml
라임 주스 25ml
크랜베리 주스 25ml
오렌지 껍질(장식용)

코스모폴리탄
COSMOPOLITAN

1. 깬 얼음을 셰이커에 넣는다.
2. 얼음 위에 재료를 붓는다.
3. 서리가 충분히 맺힐 때까지 세차게 흔든다.
4. 차게 식힌 칵테일 잔에 걸러 부은 다음, 오렌지 껍질로 장식한다. 즉시 내놓는다.

1인분

재료
잘게 부순 얼음 크랜베리 주스 100ml 보드카 50ml 복숭아 슈냅스 50ml

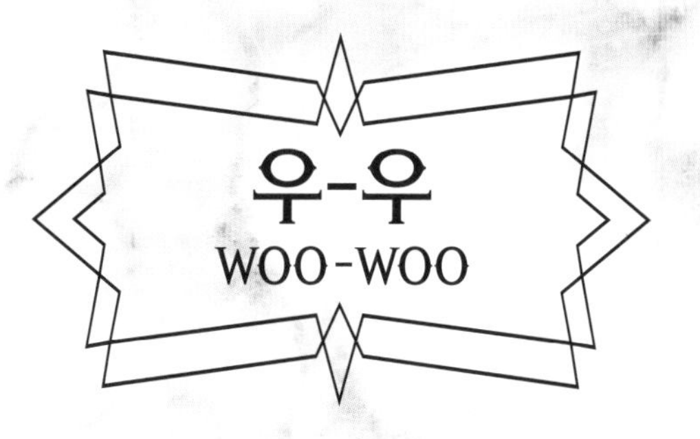

우-우
WOO-WOO

1. 차게 식힌 칵테일 잔에 잘게 부순 얼음을 반쯤 채운다.

2. 그 위에 크랜베리 주스를 붓는다.

3. 보드카와 복숭아 슈냅스를 넣는다.

4. 잘 저어 섞는다. 즉시 내놓는다.

1인분

섹스 온 더 비치

SEX ON THE BEACH

재료

잘게 부순 얼음
복숭아 슈냅스 25ml
보드카 25ml
신선한 오렌지 주스 50ml
크랜베리 주스 또는 복숭아 주스 75ml
레몬 주스 1대시
오렌지 껍질 트위스트(장식용)

1. 잘게 부순 얼음을 셰이커에 넣고, 그 위에 복숭아 슈냅스, 보드카, 오렌지 주스, 크랜베리 주스를 붓는다.
2. 서리가 충분히 맺힐 때까지 흔든 다음, 얼음을 채운 잔에 걸러 붓는다.
3. 그 위에 레몬 주스를 뿌리고, 오렌지 껍질 트위스트로 장식한다. 즉시 내놓는다.

2인분

퍼지 네이블

FUZZY NAVEL

재료

보드카 50ml
복숭아 슈냅스 25ml
오렌지 주스 225ml

1. 깬 얼음을 셰이커에 넣는다.
2. 얼음 위에 재료를 모두 붓고, 서리가 충분히 맺힐 때까지 세차게 흔든다.
3. 차게 식힌 칵테일 잔에 걸러 붓는다. 즉시 내놓는다.

1인분

솔티 독
SALTY DOG

재료

굵은 설탕 1큰술
굵은 소금 1큰술
라임 웨지 1개
보드카 50ml
자몽 주스

1. 설탕과 소금을 접시에서 섞는다. 차게 식힌 칵테일 잔 테두리를 라임 웨지로 문지른 다음, 섞은 설탕과 소금 위에 엎어 잔 테두리에 가루를 묻힌다.
2. 잔에 깬 얼음을 채우고, 그 위에 보드카를 붓는다.
3. 자몽 주스를 부어 잔을 채우고 젓는다. 즉시 내놓는다.

1인분

카미카제
KAMIKAZE

재료

보드카 25ml
트리플 섹 25ml
신선한 라임 주스 12.5ml
신선한 레몬 주스 12.5ml
드라이 화이트 와인(차게 식힌다)
오이 슬라이스, 라임 슬라이스(장식용)

1. 깬 얼음을 셰이커에 넣는다.
2. 그 위에 보드카, 트리플 섹, 라임 주스, 레몬 주스를 붓고, 서리가 충분히 맺힐 때까지 흔든다.
3. 차게 식힌 잔에 걸러 붓는다.
4. 와인을 부어 잔을 채우고, 오이와 라임 슬라이스로 장식한다. 즉시 내놓는다.

하비 월뱅어

HARVEY WALLBANGER

1인분

재료
보드카 75ml 오렌지 주스 200ml 갈리아노 2작은술 칵테일 체리, 오렌지 슬라이스(장식용)

1. 하이볼 잔에 깬 얼음을 반쯤 채운다.
2. 그 위에 보드카와 오렌지 주스를 붓는다.
3. 그 위에 갈리아노를 띄운다.
4. 체리와 오렌지 슬라이스로 장식한다. 즉시 내놓는다.

페어티니

PEARTINI

1인분

재료
그래뉴당 1작은술
시나몬 가루 1꼬집
레몬 웨지 1개
보드카 25ml
페어 브랜디 25ml

1. 그래뉴당과 시나몬 가루를 접시에서 섞는다.
2. 차게 식힌 칵테일 잔 테두리에 레몬 웨지를 문지른다.
3. 섞은 그래뉴당과 시나몬 위에 잔을 엎어 잔 테두리에 가루를 묻힌다.
4. 깬 얼음을 셰이커에 넣고, 보드카와 페어 브랜디를 붓는다. 잘 흔든 다음, 잔에 걸러 붓는다. 즉시 내놓는다.

1인분

블랙 뷰티

BLACK BEAUTY

재료

보드카 50ml
블랙 삼부카 25ml
블랙 올리브(장식용)

1. 얼음을 넣은 믹싱 글라스에 보드카와 삼부카를 붓고, 서리가 맺힐 때까지 젓는다.
2. 차게 식힌 칵테일 잔에 걸러 부은 다음, 올리브로 장식한다. 즉시 내놓는다.

1인분

스포티드 비키니

SPOTTED BIKINI

재료

잘 익은 패션프루트 1개
보드카 50ml
화이트 럼 25ml
차가운 우유 25ml
레몬 주스 ½개분
레몬 껍질 슬라이스(장식용)

1. 패션프루트 과육을 떠 저그에 담는다. 얼음을 넣은 셰이커에 액체 재료를 붓고, 서리가 충분히 맺힐 때까지 흔든다.
2. 차게 식힌 칵테일 잔에 걸러 부은 다음, 마지막 순간에 패션프루트를 넣는다.
3. 레몬 껍질 슬라이스로 장식한 다음, 즉시 내놓는다.

1인분

코들리스 스크루드라이버

CORDLESS SCREWDRIVER

재료

오렌지 웨지 몇 개
그래뉴당
보드카 50ml(차게 식힌다)

1. 차게 식힌 샷 잔 테두리를 오렌지 웨지로 문지른 다음, 그래뉴당을 담은 접시 위에 엎어 잔 테두리에 가루를 묻힌다.
2. 잔에 보드카를 붓는다.
3. 오렌지 웨지 1개를 그래뉴당에 찍어 둔다.
4. 보드카를 단숨에 넘기고, 오렌지를 빨아 먹는다.

1인분

블루 먼데이

BLUE MONDAY

재료

보드카 25ml
쿠앵트로 12.5ml
블루 큐라소 1큰술

1. 깬 얼음을 믹싱 글라스나 저그에 넣고 보드카, 쿠앵트로, 큐라소를 붓는다.
2. 잘 저어 칵테일 잔에 걸러 부은 다음, 즉시 내놓는다.

1인분

재료
핫소스 1대시 우스터셔 소스 1대시 보드카 50ml 토마토 주스 150ml 레몬 주스 ½개분 셀러리 소금 1꼬집 카옌 페퍼 1꼬집 셀러리 스틱, 레몬 슬라이스 (장식용)

블러디 메리
BLOODY MARY

1. 깬 얼음을 셰이커에 넣는다. 핫소스와 우스터셔 소스를 얼음 위에 뿌린다.

2. 보드카, 토마토 주스, 레몬 주스를 넣고, 서리가 충분히 맺힐 때까지 세차게 흔든다.

3. 차게 식힌 하이볼 잔에 걸러 붓고, 셀러리 소금과 카옌 페퍼를 넣는다. 셀러리 스틱과 레몬 슬라이스로 장식한 다음, 즉시 내놓는다.

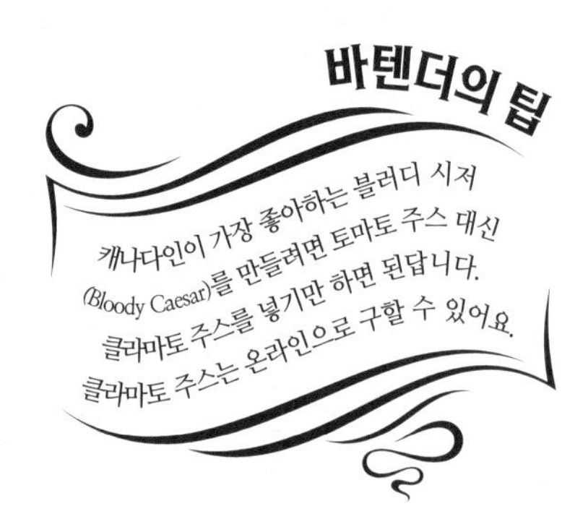

롱 아일랜드 아이스 티
LONG ISLAND ICED TEA

1인분

재료
보드카 25ml
진 25ml
화이트 테킬라 25ml
화이트 럼 25ml
화이트 크렘 드 망트 12.5ml
레몬 주스 50ml
그래뉴당 1작은술
콜라
라임 웨지(장식용)

1. 깬 얼음을 셰이커에 넣는다. 콜라를 제외한 액체 재료를 모두 얼음 위에 붓고 그래뉴당을 넣은 다음, 서리가 충분히 맺힐 때까지 세차게 흔든다.
2. 하이볼 잔에 깬 얼음을 반쯤 채우고, 그 위에 칵테일을 걸러 붓는다.
3. 콜라를 부어 잔을 채우고, 라임 웨지로 장식한다. 즉시 내놓는다.

1인분

플라잉 그래스호퍼

FLYING GRASSHOPPER

재료

보드카 25ml
그린 크렘 드 망트 25ml
크렘 드 카카오 25ml
신선한 민트(장식용)

1. 깬 얼음을 믹싱 글라스에 넣는다.
2. 그 위에 보드카, 크렘 드 망트, 크렘 드 카카오를 붓고 잘 젓는다.
3. 차게 식힌 칵테일 잔에 걸러 부은 다음, 신선한 민트 가지로 장식한다. 즉시 내놓는다.

1인분

오로라 보리앨리스

AURORA BOREALIS

재료

그라파 또는 보드카 25ml(차게 식힌다)
그린 샤르트뢰즈 25ml(차게 식힌다)
오렌지 큐라소 12.5ml(차게 식힌다)
크렘 드 카시스 몇 방울(차게 식힌다)

1. 차게 식힌 샷 잔 안의 한쪽 면에 숟가락을 대고, 숟가락 뒷면을 따라 그라파를 천천히 붓는다.
2. 샤르트뢰즈를 그 반대쪽 면에 천천히 붓는다.
3. 가운데에 큐라소를 천천히 붓는다.
4. 크렘 드 카시스 몇 방울을 넣는다. 즉시 내놓는다.

1인분

라스트 망고 인 파리스

LAST MANGO IN PARIS

1. 재료를 블렌더에 넣고 걸쭉해질 때까지 돌린다.
2. 차게 식힌 잔에 붓고, 라임 슬라이스로 장식한다. 즉시 내놓는다.

재료

보드카 50ml
프랑부아즈 25ml
라임 주스 25ml
망고 ½개(껍질을 벗겨 씨를 제거하고 다진다)
딸기 2개(반으로 자른다)
라임 슬라이스(장식용)

1인분

선더버드

THUNDERBIRD

1. 보드카를 차게 식힌 칵테일 잔에 붓는다.
2. 나머지 재료를 천천히 넣은 다음, 한 번만 젓는다. 즉시 내놓는다.

재료

보드카 50ml(냉동실에서 차게 식힌다)
파르페 아무르 1대시
카시스 1대시
오렌지 제스트 작은 조각
장미 꽃잎 또는 바이올렛 꽃잎 1장

미미
MIMI

1인분

재료
보드카 50ml 코코넛 크림 12.5ml 파인애플 주스 50ml 각 얼음 4~6개(잘게 부순다) 신선한 파인애플 슬라이스 (장식용)

1. 보드카, 코코넛 크림, 파인애플 주스, 잘게 부순 얼음을 블렌더에 넣는다.
2. 거품이 고루 생길 때까지 몇 초 동안 돌린다.
3. 차게 식힌 칵테일 잔에 붓는다.
4. 파인애플 슬라이스로 장식한다. 즉시 내놓는다.

서니 베이

SUNNY BAY

1인분

재료
보드카 37.5ml 멜론 리큐어 12.5ml 파인애플 주스 50ml 칵테일 체리(장식용)

1. 깬 얼음을 넣은 셰이커에 재료를 넣는다.
2. 잘 흔든다.
3. 차게 식힌 칵테일 잔에 걸러 붓고, 칵테일 스틱에 체리를 꿰어 장식한다. 즉시 내놓는다.

1인분

시 브리즈

SEA BREEZE

재료

보드카 37.5ml
크랜베리 주스 12.5ml
핑크 자몽 주스

1. 깬 얼음을 셰이커에 넣는다.

2. 그 위에 보드카와 크랜베리 주스를 붓고, 서리가 맺힐 때까지 흔든다.

3. 차게 식힌 텀블러 잔에 걸러 붓고, 핑크 자몽 주스를 부어 잔을 채운다. 즉시 내놓는다.

1인분

크랜베리 콜린스

CRANBERRY COLLINS

재료

보드카 50ml
엘더플라워 코디얼 20ml
크랜베리 주스 75ml
소다수
라임 슬라이스, 라임 껍질 트위스트(장식용)

1. 깬 얼음을 셰이커에 넣는다.

2. 그 위에 보드카, 엘더플라워 코디얼, 크랜베리 주스를 붓고, 서리가 충분히 맺힐 때까지 흔든다.

3. 깬 얼음을 채운 콜린스 잔에 걸러 붓는다.

4. 소다수를 부어 잔을 채우고, 라임 슬라이스와 껍질로 장식한다. 즉시 내놓는다.

1인분

모스코 뮬

MOSCOW MULE

재료

보드카 50ml
라임 주스 25ml
진저 비어
라임 웨지(장식용)

1. 깬 얼음을 셰이커에 넣는다.
2. 그 위에 보드카와 라임 주스를 붓고, 서리가 충분히 맺힐 때까지 세차게 흔든다.
3. 차게 식힌 잔에 깬 얼음을 반쯤 채우고, 그 위에 칵테일을 걸러 붓는다.
4. 진저 비어를 부어 잔을 채우고, 라임 웨지로 장식한다. 즉시 내놓는다.

1인분

스크루드라이버

SCREWDRIVER

재료

보드카 50ml
오렌지 주스
오렌지 슬라이스(장식용)

1. 깬 얼음을 차게 식힌 잔에 채운다. 얼음 위에 보드카를 붓는다.
2. 오렌지 주스를 부어 잔을 채우고, 잘 저어 섞는다.
3. 오렌지 슬라이스로 장식한다. 즉시 내놓는다.

1인분

재료
레몬 웨지 1개
그래뉴당 1큰술
보드카 12.5ml
프랑부아즈 리큐어 12.5ml
크랜베리 주스 12.5ml
오렌지 주스 12.5ml

메트로폴리탄
METROPOLITAN

1. 차게 식힌 칵테일 잔 테두리에 레몬 웨지를 문지른다.
2. 잔을 그래뉴당 위에 엎어 잔 테두리에 가루를 묻힌다.
3. 깬 얼음을 셰이커에 넣고, 그 위에 액체 재료를 붓는다.
4. 서리가 충분히 맺힐 때까지 세차게 흔든다. 잔에 걸러 붓고, 즉시 내놓는다.

보드카 에스프레소

VODKA ESPRESSO

1인분

재료

에스프레소 또는
진한 블랙 커피 50ml(식힌다)
보드카 25ml
그래뉴당 2작은술
아마룰라 25ml

1. 깬 얼음을 셰이커에 넣는다.
2. 커피와 보드카를 붓고 그래뉴당을 넣은 다음, 서리가 충분히 맺힐 때까지 세차게 흔든다.
3. 차게 식힌 칵테일 잔에 걸러 붓는다.
4. 맨 위에 아마룰라를 띄운다. 즉시 내놓는다.

럼, 위스키 & 브랜디

RUM, WHISKIES & BRANDY

1인분

다이커리

DAIQUIRI

재료

화이트 럼 50ml
그래뉴당 ½작은술(끓는 물 1큰술에 넣고 녹인다)
라임 주스 1½작은술
라임 웨지(장식용)

1. 깬 얼음을 셰이커에 넣는다.
2. 그 위에 럼, 설탕물, 라임 주스를 붓는다. 서리가 충분히 맺힐 때까지 세차게 흔든다.
3. 차게 식힌 칵테일 잔에 걸러 부은 다음, 라임 웨지로 장식한다. 즉시 내놓는다.

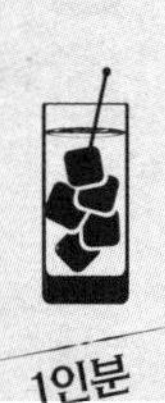

1인분

바나나 콜라다

BANANA COLADA

재료

각 얼음 4~6개(잘게 부순다)
화이트 럼 50ml
파인애플 주스 100ml
말리부 25ml
바나나 1개(껍질을 벗겨 얇게 썬다)
파인애플 웨지(장식용)

1. 잘게 부순 얼음, 화이트 럼, 파인애플 주스, 말리부, 얇게 썬 바나나를 블렌더에 넣고 돌린다.
2. 부드러워질 때까지 섞은 다음, 차게 식힌 하이볼 잔에 거르지 않고 그대로 붓는다. 파인애플 웨지와 빨대를 곁들여 즉시 내놓는다.

1인분

재료

다크 럼 100ml
레몬 주스 25ml
오렌지 패션프루트 주스 50ml
소다수
오렌지 슬라이스, 칵테일 체리(장식용)

허리케인

HURRICANE

1. 깬 얼음을 셰이커에 넣는다.
2. 럼, 레몬 주스, 오렌지 패션프루트 주스를 넣고, 잘 섞일 때까지 흔든다.
3. 차게 식힌 허리케인 잔에 칵테일을 부은 다음, 소다수를 부어 잔을 채운다.
4. 오렌지 슬라이스와 체리로 장식한 다음, 즉시 내놓는다.

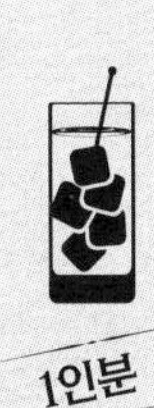

1인분

재료

각 얼음 4~6개(잘게 부순다)
골든 럼 75ml
파인애플 주스 100ml
코코넛 크림 25ml
딸기 6개
파인애플 웨지, 반으로 가른 딸기(장식용)

스트로베리 콜라다

STRAWBERRY COLADA

1. 잘게 부순 얼음을 블렌더에 넣는다. 럼, 파인애플 주스, 코코넛 크림을 넣는다.
2. 딸기는 꼭지를 따고 블렌더에 넣는다. 부드러워질 때까지 돌린 다음, 차게 식힌 하이볼 잔에 거르지 않고 그대로 붓는다.
3. 파인애플 웨지와 딸기로 장식한 다음, 즉시 내놓는다.

피냐 콜라다
PIÑA COLADA

1인분

재료

각 얼음 4~6개(잘게 부순다)
화이트 럼 50ml
다크 럼 25ml
파인애플 주스 75ml
코코넛 크림 50ml
칵테일 체리, 파인애플 웨지 (장식용)

1. 잘게 부순 얼음을 블렌더에 넣는다. 그 위에 화이트 럼, 다크 럼, 파인애플 주스를 붓는다.
2. 블렌더에 코코넛 크림을 넣고 부드러워질 때까지 돌린다.
3. 차게 식힌 잔에 거르지 않고 그대로 붓는다.
4. 칵테일 체리와 파인애플 웨지로 장식한다.
5. 즉시 내놓는다.

클럽 모히토

CLUB MOJITO

1인분

재료

심플 시럽 1작은술
신선한 민트 잎 6개, 장식용으로 몇 개
라임 ½개의 주스
각 얼음 4~6개(깬다)
자메이카 럼 50ml
소다수
앙고스투라 비터스 1대시

1. 심플 시럽, 민트 잎, 라임 주스를 온더락 잔에 넣는다.
2. 민트 잎을 짓이긴 다음, 깬 얼음과 럼을 넣는다.
3. 소다수를 부어 잔을 채운다.
4. 끝으로 앙고스투라 비터스를 넣은 다음, 남은 민트 잎으로 장식한다.
5. 즉시 내놓는다.

1인분

바잔 선

BAJAN SUN

재료

화이트 럼 25ml
만다린 브랜디 25ml
신선한 오렌지 주스 25ml
파인애플 주스 25ml
그레나딘 시럽 1스플래시
신선한 파인애플 슬라이스, 칵테일 체리(장식용)

1. 잘게 부순 얼음을 셰이커에 넣는다.
2. 그 위에 럼, 브랜디, 오렌지 주스, 파인애플 주스를 붓는다.
3. 그레나딘 시럽을 넣고 세차게 흔든다.
4. 차게 식힌 하이볼 잔에 걸러 붓고, 파인애플 슬라이스와 칵테일 체리로 장식한다. 즉시 내놓는다.

1인분

플랜테이션 펀치

PLANTATION PUNCH

재료

다크 럼 50ml
서던 컴포트 25ml
레몬 주스 25ml
흑설탕 1작은술
탄산수
루비 포트 1작은술

1. 깬 얼음을 셰이커에 넣는다. 럼, 서던 컴포트, 레몬 주스, 흑설탕을 넣는다.
2. 서리가 충분히 맺힐 때까지 세차게 흔든다. 차게 식힌 잔에 걸러 부은 다음, 탄산수를 부어 잔을 채운다.
3. 그 위에 찻숟가락 뒷면을 따라 포트를 천천히 부어 띄운다. 즉시 내놓는다.

1인분

오션 브리즈

OCEAN BREEZE

재료

화이트 럼 25ml
아마레토 25ml
블루 큐라소 12.5ml
파인애플 주스 12.5ml
소다수

1. 잘게 부순 얼음을 셰이커에 넣는다.

2. 그 위에 화이트 럼, 아마레토, 블루 큐라소, 파인애플 주스를 붓고 잘 흔든다.

3. 차게 식힌 하이볼 잔에 걸러 부은 다음, 소다수를 부어 잔을 채운다. 즉시 내놓는다.

1인분

블루 하와이언

BLUE HAWAIIAN

재료

바카디 럼 50ml
블루 큐라소 12.5ml
파인애플 주스 25ml
코코넛 크림 12.5ml
파인애플 웨지(장식용)

1. 잘게 부순 얼음을 셰이커에 넣는다.

2. 그 위에 재료를 붓고, 서리가 충분히 맺힐 때까지 세차게 흔든다. 차게 식힌 와인 잔에 걸러 붓는다.

3. 파인애플 웨지로 장식한다. 즉시 내놓는다.

1인분

마이 타이
MAI TAI

재료

화이트 럼 25ml
다크 럼 25ml
오렌지 큐라소 25ml
라임 주스 25ml
오르자 1큰술
그레나딘 시럽 1큰술

장식용

파인애플 웨지
파인애플 잎
칵테일 체리
오렌지 껍질 트위스트

1. 깬 얼음을 셰이커에 넣는다. 그 위에 화이트 럼, 다크 럼, 큐라소, 라임 주스, 오르자, 그레나딘 시럽을 붓는다.
2. 서리가 충분히 맺힐 때까지 세차게 흔든 다음, 차게 식힌 잔에 걸러 붓는다.
3. 파인애플 웨지, 잎, 칵테일 체리, 오렌지 껍질 트위스트로 장식한다. 즉시 내놓는다.

좀비
ZOMBIE

3인분

재료
다크 럼 50ml
화이트 럼 50ml
골든 럼 25ml
트리플 섹 25ml
라임 주스 25ml
오렌지 주스 25ml
파인애플 주스 25ml
구아바 주스 25ml
그레나딘 시럽 1큰술
오르쟈 1큰술
페르노 1작은술
신선한 민트 가지, 파인애플 웨지(장식용)

1. 잘게 부순 얼음을 셰이커에 넣는다.

2. 그 위에 재료를 붓고, 서리가 충분히 맺힐 때까지 세차게 흔든다.

3. 칵테일을 차게 식힌 잔에 부은 다음, 신선한 민트와 파인애플 웨지로 장식한다. 즉시 내놓는다.

쿠바 리브레

CUBA LIBRE

재료

화이트 럼 50ml
콜라
라임 웨지(장식용)

1. 하이볼 잔에 깬 얼음을 반쯤 채운다.

2. 그 위에 럼을 부은 다음, 콜라를 부어 잔을 채운다.

3. 가볍게 저어 섞은 다음, 라임 웨지로 장식한다. 즉시 내놓는다.

쿠반 스페셜

CUBAN SPECIAL

재료

화이트 럼 50ml
라임 주스 25ml
파인애플 주스 1큰술
트리플 섹 1작은술
파인애플 웨지(장식용)

1. 깬 얼음을 셰이커에 넣는다.

2. 그 위에 럼, 라임 주스, 파인애플 주스, 트리플 섹을 붓는다. 서리가 충분히 맺힐 때까지 세차게 흔든 다음, 차게 식힌 칵테일 잔에 걸러 붓는다.

3. 파인애플 웨지로 장식한 다음, 즉시 내놓는다.

8인분

럼 노긴

RUM NOGGIN

재료

달걀 6개
슈가 파우더 4~5작은술
강판에 간 육두구(뿌릴 용도로 조금 더)
다크 럼 475ml
우유 1.2L(데운다)

1. 달걀을 펀치 볼에 넣고 슈가 파우더, 약간의 육두구와 함께 휘젓는다.
2. 휘저으며 럼을 넣은 다음, 천천히 저으면서 우유를 넣는다.
3. 원하면 살짝 가열하여 데운 다음, 작은 내열 유리잔이나 머그 잔에 붓고 육두구를 뿌린다. 즉시 내놓는다.

1인분

럼 코블러

RUM COBBLER

재료

슈가 파우더 1작은술
탄산수 50ml
화이트 럼 50ml
라임 슬라이스, 오렌지 슬라이스(장식용)

1. 슈가 파우더를 차게 식힌 고블릿에 넣는다. 탄산수를 붓고, 슈가 파우더가 완전히 녹을 때까지 젓는다.
2. 잔에 깬 얼음을 채우고 럼을 붓는다. 잘 저은 다음, 라임 슬라이스와 오렌지 슬라이스로 장식한다.

1인분

재료
각 얼음 4~6개(잘게 부순다) 복숭아 ½개(씨를 제거하고 다진다) 화이트 럼 50ml 라임 주스 25ml 심플 시럽 1작은술 복숭아 슬라이스(장식용)

프로즌 피치 다이커리
FROZEN PEACH DAIQUIRI

1. 잘게 부순 얼음과 복숭아를 블렌더에 넣는다.
2. 럼, 라임 주스, 심플 시럽을 넣고 걸쭉해질 때까지 돌린다.
3. 차게 식힌 칵테일 잔에 붓는다.
4. 복숭아 슬라이스로 장식한다.
5. 즉시 내놓는다.

럼 쿨러
RUM COOLER

1인분

재료

각 얼음 2~4개(블렌더에 넣을 것, 깬다)
화이트 럼 37.5ml
파인애플 주스 37.5ml
바나나 1개(껍질을 벗겨 얇게 썬다)
라임 1개의 주스
라임 껍질 트위스트(장식용)

1. 깬 얼음, 럼, 파인애플 주스, 바나나를 블렌더에 넣는다.
2. 라임 주스를 넣고, 1분 동안 또는 부드러워질 때까지 돌린다.
3. 차게 식힌 잔에 깬 얼음을 채우고, 그 위에 칵테일을 붓는다.
4. 라임 껍질 트위스트로 장식한다.
5. 즉시 내놓는다.

위스키 사워

WHISKEY SOUR

1인분

재료

블렌디드 위스키 50ml
라임 주스 25ml
슈가 파우더 또는 심플 시럽 1작은술
라임 슬라이스, 칵테일 체리(장식용)

1. 깬 얼음을 셰이커에 넣고, 그 위에 위스키를 붓는다.
2. 라임 주스와 슈가 파우더를 넣고 잘 흔든다.
3. 칵테일 잔에 걸러 부은 다음, 라임 슬라이스와 체리로 장식한다. 즉시 내놓는다.

위스키 리키

WHISKEY RICKEY

1인분

재료

블렌디드 위스키 50ml
라임 주스 25ml
소다수
라임 슬라이스(장식용)

1. 잘게 부순 얼음을 차게 식힌 하이볼 잔에 넣는다.
2. 그 위에 위스키와 라임 주스를 부은 다음, 소다수를 부어 잔을 채운다.
3. 가볍게 저어 섞고, 라임 슬라이스로 장식한다. 즉시 내놓는다.

1인분

하일랜드 플링

HIGHLAND FLING

재료

앙고스투라 비터스 1대시
스카치 위스키 50ml
스위트 베르무트 25ml
칵테일 올리브(장식용)

1. 깬 얼음을 믹싱 글라스에 넣는다.
2. 그 위에 앙고스투라 비터스를 붓는다.
   위스키와 베르무트를 붓고, 잘 저어 섞는다.
3. 차게 식힌 잔에 걸러 부은 다음, 올리브로
   장식한다. 즉시 내놓는다.

1인분

위스키 슬링

WHISKEY SLING

재료

슈가 파우더 1작은술
레몬 주스 25ml
물 1작은술
블렌디드 위스키 50ml
깬 얼음
오렌지 웨지(장식용)

1. 슈가 파우더를 믹싱 글라스에 넣는다.
2. 레몬 주스와 물을 넣고, 슈가 파우더가 완전히 녹을
   때까지 젓는다.
3. 위스키를 붓고, 저어 섞는다.
4. 차게 식힌 작은 텀블러 잔에 깬 얼음을 반쯤
   채우고, 그 위에 칵테일을 걸러 붓는다.
5. 오렌지 웨지로 장식한 다음, 즉시 내놓는다.

마이애미 비치
MIAMI BEACH

1인분

재료
스카치 위스키 50ml 드라이 베르무트 37.5ml 핑크 자몽 주스 50ml 오렌지 껍질(장식용)

1. 깬 얼음을 셰이커에 넣는다.

2. 그 위에 위스키, 베르무트, 자몽 주스를 붓는다.

3. 서리가 충분히 맺힐 때까지 세차게 흔든다. 차게 식힌 칵테일 잔에 걸러 붓는다.

4. 오렌지 껍질로 장식한 다음, 즉시 내놓는다.

보스턴 사워

BOSTON SOUR

1인분

재료

레몬 주스 또는 라임 주스 25ml
블렌디드 위스키 50ml
심플 시럽 1작은술
달걀 흰자 1개
레몬 슬라이스, 칵테일 체리 (장식용)

1. 깬 얼음을 셰이커에 넣는다.
2. 그 위에 레몬 주스, 위스키, 심플 시럽을 붓는다.
3. 달걀 흰자를 넣는다.
4. 차가워질 때까지 흔든다. 칵테일 잔에 걸러 붓고, 레몬 슬라이스와 체리로 장식한다. 즉시 내놓는다.

1인분

클론다이크 쿨러

KLONDIKE COOLER

재료

슈가 파우더 ½작은술
진저 에일 25ml
블렌디드 위스키 50ml
탄산수
레몬 껍질 트위스트(장식용)

1. 슈가 파우더를 차게 식힌 텀블러 잔에 넣고, 진저 에일을 넣는다. 슈가 파우더가 완전히 녹을 때까지 젓는다.
2. 잔에 깬 얼음을 채운다. 그 위에 위스키를 붓는다.
3. 탄산수를 부어 잔을 채운다. 가볍게 저은 다음, 레몬 껍질 트위스트로 장식한다. 즉시 내놓는다.

1인분

샘록

SHAMROCK

재료

아이리시 위스키 25ml
드라이 베르무트 25ml
그린 샤르트뢰즈 3대시
크렘 드 망트 3대시

1. 깬 얼음을 믹싱 글라스에 넣는다.
2. 그 위에 위스키, 베르무트, 샤르트뢰즈를 붓는다. 서리가 충분히 맺힐 때까지 젓는다.
3. 차게 식힌 칵테일 잔에 걸러 부은 다음, 그 위에 크렘 드 망트를 붓고 젓는다. 즉시 내놓는다.

맨해튼

MANHATTAN

1인분

재료

앙고스투라 비터스 1대시
호밀 위스키 75ml
스위트 베르무트 25ml
칵테일 체리(장식용)

1. 깬 얼음을 셰이커에 넣는다.

2. 그 위에 재료를 붓고, 서리가 충분히 맺힐 때까지 세차게 흔든다.

3. 차게 식힌 칵테일 잔에 걸러 부은 다음, 체리로 장식한다. 즉시 내놓는다.

올드 패션드

OLD-FASHIONED

1인분

재료

각설탕 1개
앙고스투라 비터스 1대시
물 1작은술
버번 또는 호밀 위스키 50ml
각 얼음 4~6개(깬다)
레몬 껍질(장식용)

1. 각설탕을 차게 식힌 작은 온더락 잔에 넣는다.

2. 앙고스투라 비터스와 물을 넣는다. 설탕이 완전히 녹을 때까지 젓는다.

3. 버번을 붓고 젓는다.

4. 깬 얼음을 넣고, 레몬 껍질로 장식한다. 즉시 내놓는다.

1인분

재료
각 얼음 4~6개 버번 50ml 심플 시럽 1작은술 소다수 루비 포트 1큰술 강판에 간 육두구(장식용)

위스키 생거리
WHISKEY SANGAREE

1. 차게 식힌 텀블러 잔에 얼음을 넣는다.

2. 그 위에 버번, 심플 시럽을 붓는다.
소다수를 부어 잔을 채운다.

3. 가볍게 저어 섞은 다음, 포트를 그 위에 띄운다.
그 위에 간 육두구를 조금 뿌린다.
즉시 내놓는다.

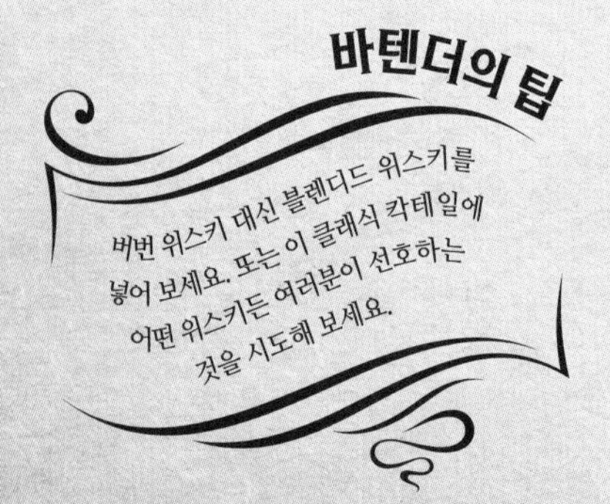

바텐더의 팁

버번 위스키 대신 블렌디드 위스키를 넣어 보세요. 또는 이 클래식 칵테일에 어떤 위스키든 여러분이 선호하는 것을 시도해 보세요.

핑크 헤더

PINK HEATHER

1인분

재료

스카치 위스키 25ml
딸기 리큐어 25ml
스파클링 와인(차게 식힌다)
신선한 딸기(장식용)

1. 위스키와 딸기 리큐어를 차게 식힌 샴페인 잔에 붓는다.

2. 차게 식힌 스파클링 와인을 부어 잔을 채우고, 딸기로 장식한다. 즉시 내놓는다.

1인분

플라잉 스코츠맨

FLYING SCOTSMAN

재료

잘게 부순 얼음
앙고스투라 비터스 1대시
스카치 위스키 50ml
스위트 베르무트 25ml
심플 시럽 ¼작은술

1. 잘게 부순 얼음 약간을 블렌더에 넣는다.
2. 그 위에 앙고스투라 비터스를 넣은 다음, 위스키, 베르무트, 심플 시럽을 넣는다.
3. 걸쭉해질 때까지 돌린 다음, 차게 식힌 작은 텀블러 잔에 붓는다. 즉시 내놓는다.

1인분

비들스톤

BEADLESTONE

재료

스카치 위스키 50ml
드라이 베르무트 37.5ml

1. 깬 얼음 약간을 믹싱 글라스에 넣고, 그 위에 위스키와 베르무트를 붓는다.
2. 잘 저어 섞은 다음, 차게 식힌 칵테일 잔에 걸러 붓는다. 즉시 내놓는다.

1인분

재료

앙고스투라 비터스 1대시
스카치 위스키 50ml
스위트 베르무트 37.5ml

시슬
THISTLE

1. 깬 얼음 약간을 믹싱 글라스에 넣는다.

2. 그 위에 앙고스투라 비터스를 넣고, 위스키와 베르무트를 붓는다.

3. 잘 저어 섞은 다음, 차게 식힌 칵테일 잔에 걸러 붓는다. 즉시 내놓는다.

1인분

재료

아이리시 위스키 50ml
아이리시 미스트 25ml
트리플 섹 25ml
레몬 주스 1작은술

콜린
COLLEEN

1. 얼음을 넣은 셰이커에 재료를 모두 붓고, 서리가 충분히 맺힐 때까지 세차게 흔든다.

2. 차게 식힌 칵테일 잔에 걸러 붓는다. 즉시 내놓는다.

1인분

재료
브랜디 12.5ml
페르넷 브랑카 12.5ml
크렘 드 망트 12.5ml

더 리바이버
THE REVIVER

1. 얼음을 넣은 셰이커에 재료를 모두 붓고, 서리가 맺힐 때까지 세차게 흔든다.
2. 와인 잔에 걸러 붓고, 될 수 있는 대로 빨리 마신다.

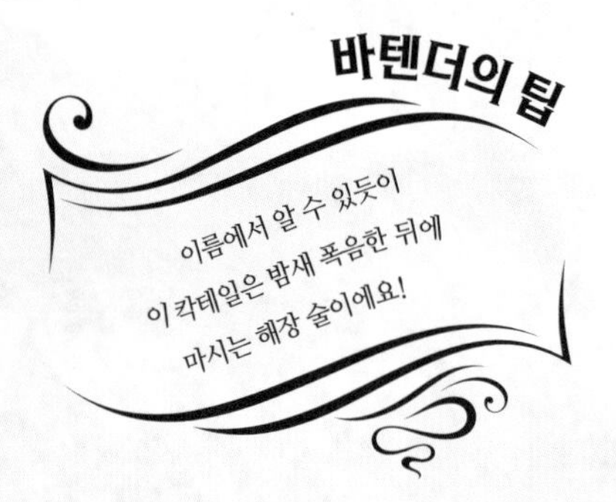

미드나잇 카우보이

MIDNIGHT COWBOY

1인분

재료
브랜디 25ml 커피 리큐어 12.5ml 생크림 12.5ml(차게 식힌다) 잘게 부순 얼음 콜라

1. 브랜디, 커피 리큐어, 크림, 잘게 부순 얼음을 블렌더에 넣고, 거품이 고루 생길 때까지 천천히 돌린다.
2. 차게 식힌 칵테일 잔에 붓는다. 콜라를 부어 잔을 채운 다음, 즉시 내놓는다.

1인분

쿠반

CUBAN

1. 얼음을 넣은 셰이커에 재료를 모두 붓고,
   서리가 충분히 맺힐 때까지 세차게 흔든다.
2. 차게 식힌 칵테일 잔에 걸러 부은 다음,
   즉시 내놓는다.

재료

브랜디 50ml
살구 브랜디 25ml
라임 주스 25ml
화이트 럼 1작은술

1인분

브랜디 사워

BRANDY SOUR

1. 얼음을 넣은 셰이커에 레몬 주스, 브랜디,
   슈가 파우더를 넣고 잘 흔든 다음,
   칵테일 잔에 걸러 붓는다.
2. 라임 슬라이스와 체리로 장식한 다음,
   즉시 내놓는다.

재료

레몬 주스 또는 라임 주스 25ml
브랜디 62.5ml
슈가 파우더 또는 심플 시럽 1작은술
라임 슬라이스, 칵테일 체리(장식용)

1인분

사이드카
SIDECAR

1. 깬 얼음을 셰이커에 넣고, 그 위에 재료를 붓는다.

2. 서리가 충분히 맺힐 때까지 세차게 흔든다.

3. 차게 식힌 칵테일 잔에 걸러 부은 다음,
오렌지 껍질로 장식한다. 즉시 내놓는다.

재료

브랜디 50ml
트리플 섹 25ml
레몬 주스 25ml
오렌지 껍질(장식용)

1인분

브랜디 줄렙
BRANDY JULEP

1. 차게 식힌 온더락 잔에 깬 얼음을 채운다.

2. 브랜디, 심플 시럽, 민트 잎을 넣고, 잘 저어 섞는다.

3. 민트 가지 1개와 레몬 슬라이스로 장식한다.
즉시 내놓는다.

재료

브랜디 50ml
심플 시럽 1작은술
신선한 민트 잎 4개
신선한 민트 가지, 레몬 슬라이스(장식용)

1인분

재료
살구 브랜디 50ml 드라이 베르무트 25ml 오렌지 주스 50ml 그레나딘 시럽 1대시

핑크 휘스커스
PINK WHISKERS

1. 얼음을 넣은 셰이커에 재료를 모두 붓고, 서리가 충분히 맺힐 때까지 세차게 흔든다.
2. 차게 식힌 칵테일 잔에 걸러 부은 다음, 즉시 내놓는다.

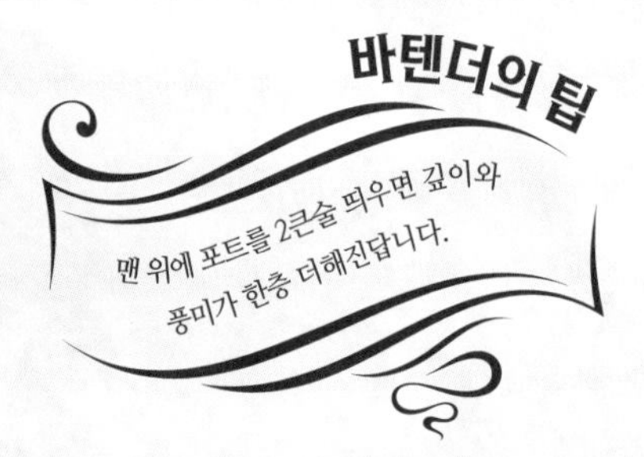

퍼스트 나이트

FIRST NIGHT

1인분

재료
브랜디 50ml
반더험(Van der Hum) 25ml
티아 마리아 25ml
생크림 1작은술
강판에 간 초콜릿(장식용)

1. 얼음을 넣은 셰이커에 재료를 붓고 흔든다.

2. 차게 식힌 칵테일 잔에 걸러 부은 다음, 초콜릿을 조금 띄워 장식한다. 즉시 내놓는다.

1인분

헤븐리

HEAVENLY

1. 깬 얼음을 믹싱 글라스에 넣는다.
2. 그 위에 재료를 붓고, 잘 저어 섞는다.
3. 차게 식힌 잔에 걸러 붓고, 체리로 장식한다. 즉시 내놓는다.

재료

브랜디 37.5ml
체리 브랜디 12.5ml
자두 브랜디 12.5ml
칵테일 체리(장식용)

1인분

체리 키치

CHERRY KITSCH

1. 잘게 부순 얼음을 셰이커에 넣는다. 그 위에 체리 브랜디, 파인애플 주스, 키르슈, 달걀 흰자를 붓고, 서리가 맺힐 때까지 잘 흔든다.
2. 차게 식힌 길고 얇은 잔에 붓고, 그 위에 얼린 칵테일 체리를 얹는다. 즉시 내놓는다.

재료

체리 브랜디 25ml
파인애플 주스 50ml
키르슈 12.5ml
달걀 흰자 1개
얼린 칵테일 체리(장식용)

1인분

갓도터

GODDAUGHTER

재료

잘게 부순 얼음
사과 브랜디 50ml
아마레토 25ml
사과 소스 1작은술
시나몬 가루(장식용)

1. 잘게 부순 얼음 약간을 블렌더에 넣고, 사과 브랜디, 아마레토, 사과 소스를 넣는다.

2. 부드러워질 때까지 돌린 다음, 차게 식힌 잔에 거르지 않고 그대로 붓는다.

3. 시나몬 가루을 뿌린 다음, 즉시 내놓는다.

1인분

비글

BEAGLE

재료

퀴멜 1대시
레몬 주스 1대시
브랜디 50ml
크랜베리 주스 25ml

1. 깬 얼음을 믹싱 글라스에 넣는다.

2. 그 위에 퀴멜과 레몬 주스를 뿌리고, 브랜디와 크랜베리 주스를 붓는다.

3. 잘 저어 섞는다. 차게 식힌 칵테일 잔에 걸러 부은 다음, 즉시 내놓는다.

브랜디 알렉산더
BRANDY ALEXANDER

1인분

재료
브랜디 25ml 다크 크렘 드 카카오 25ml 헤비 크림 25ml(없으면 생크림) 강판에 간 육두구(장식용)

1. 깬 얼음을 셰이커에 넣는다.
2. 그 위에 브랜디, 크렘 드 카카오, 크림을 붓고, 서리가 충분히 맺힐 때까지 세차게 흔든다.
3. 차게 식힌 칵테일 잔에 걸러 붓는다. 그 위에 간 육두구를 뿌린 다음, 즉시 내놓는다.

핫 브랜디 초콜릿
HOT BRANDY CHOCOLATE

4인분

재료
우유 1L 다크 초콜릿 115g(잘게 부순다) 백설탕 2큰술 브랜디 100ml 휘핑 크림 6큰술 강판에 간 육두구 또는 초콜릿 가루(장식용)

1. 우유를 작은 냄비에 넣고, 끓기 직전까지 데운다.

2. 초콜릿과 설탕을 넣고, 초콜릿이 완전히 녹을 때까지 약불에서 젓는다.

3. 내열 유리잔 4개에 나누어 붓고, 각각의 잔에 숟가락 뒷면을 따라 브랜디 25ml씩을 붓는다.

4. 휘핑 크림을 올리고, 그 위에 간 육두구를 뿌린다. 즉시 내놓는다.

버블

BUBBLES

키르 로얄

KIR ROYALE

1. 카시스를 샴페인 잔 맨 아래에 넣는다.

2. 브랜디를 넣는다. 샴페인을 부어 잔을 채운다.

3. 민트 가지로 장식한 다음, 즉시 내놓는다.

재료

크렘 드 카시스 몇 방울(또는 취향에 따라)
브랜디 12.5ml
샴페인(차게 식힌다)
신선한 민트 가지(장식용)

디스코 댄서

DISCO DANCER

1. 얼음을 넣은 셰이커에 크렘 드 바나나, 럼,
   비터스를 붓고 잘 흔든다.

2. 차게 식힌 샴페인 잔에 걸러 부은 다음, 취향에
   따라 스파클링 와인을 부어 잔을 채운다.
   즉시 내놓는다.

재료

크렘 드 바나나 25ml
럼 25ml
앙고스투라 비터스 몇 방울
스파클링 화이트 와인(차게 식힌다)

1인분

다이아몬드 피즈
DIAMOND FIZZ

1. 얼음을 넣은 셰이커에 진, 레몬 주스, 심플 시럽을 붓고, 서리가 충분히 맺힐 때까지 흔든다.

2. 차게 식힌 샴페인 잔에 걸러 붓는다. 샴페인을 부어 잔을 채운 다음, 즉시 내놓는다.

재료

진 50ml
레몬 주스 12.5ml
심플 시럽 1작은술
샴페인(차게 식힌다)

1인분

샴페인 사이드카
CHAMPAGNE SIDECAR

1. 얼음을 넣은 셰이커에 버번, 쿠앵트로, 레몬 주스를 붓고 흔든 다음, 차게 식힌 샴페인 잔에 걸러 붓는다.

2. 샴페인을 부어 잔을 채운 다음, 즉시 내놓는다.

재료

버번 37.5ml
쿠앵트로 25ml
레몬 주스 1½ 작은술
샴페인(차게 식힌다)

샴페인 칵테일
CHAMPAGNE COCKTAIL

1인분

재료
각설탕 1개 앙고스투라 비터스 2대시 브랜디 25ml 샴페인(차게 식힌다)

1. 차게 식힌 샴페인 잔 바닥에 각설탕을 놓는다.

2. 앙고스투라 비터스와 브랜디를 넣는다.

3. 샴페인을 부어 잔을 채운 다음, 즉시 내놓는다.

샴페인 픽미업

CHAMPAGNE PICK-ME-UP

1인분

재료
브랜디 50ml 오렌지 주스 25ml 레몬 주스 25ml 그레나딘 시럽 1대시 샴페인(차게 식힌다)

1. 깬 얼음을 셰이커에 넣는다.
2. 그 위에 브랜디, 오렌지 주스, 레몬 주스, 그레나딘 시럽을 붓고, 서리가 충분히 맺힐 때까지 세차게 흔든다.
3. 차게 식힌 와인 잔에 걸러 붓는다. 샴페인을 부어 잔을 채운 다음, 즉시 내놓는다.

1인분

재료

신선한 오렌지 주스 50ml(차게 식힌다)
샴페인 50ml(차게 식힌다)

벅스 피즈

BUCK'S FIZZ

1. 차게 식힌 샴페인 잔에 오렌지 주스를 절반 정도 채운 다음, 샴페인을 천천히 붓는다. 즉시 내놓는다.

1인분

재료

트리플 섹 25ml
레몬 주스 12.5ml
오렌지 주스 12.5ml
달걀 흰자 1개
마라스키노 리큐어 1대시
샴페인 또는 스파클링 와인(차게 식힌다)

듀크

DUKE

1. 깬 얼음을 넣은 셰이커에 트리플 섹, 레몬 주스, 오렌지 주스, 달걀 흰자, 마라스키노 리큐어를 붓고, 서리가 충분히 맺힐 때까지 세차게 흔든다.

2. 차게 식힌 와인 잔에 걸러 부은 다음, 샴페인을 부어 잔을 채운다. 즉시 내놓는다.

1인분

재료

진 25ml
살구 브랜디 25ml
스템 진저 시럽 ½작은술
샴페인(차게 식힌다)
신선한 망고 슬라이스(장식용)

키스멧
KISMET

1. 진과 브랜디를 차게 식힌 샴페인 잔에 붓는다.
2. 진저 시럽을 잔 안으로 천천히 한 방울씩 떨어뜨린 다음, 샴페인을 부어 잔을 채운다. 망고 슬라이스로 장식한 다음, 즉시 내놓는다.

1인분

재료

런던 진 50ml
레몬 주스 25ml
샴페인(차게 식힌다)

런던 프렌치 75
LONDON FRENCH 75

1. 깬 얼음을 넣은 셰이커에 진과 레몬 주스를 붓고, 서리가 충분히 맺힐 때까지 세차게 흔든다.
2. 차게 식힌 잔에 걸러 부은 다음, 샴페인을 부어 잔을 채운다. 즉시 내놓는다.

벨리니
BELLINI

1인분

재료
레몬 웨지 1개 그래뉴당 복숭아 주스 25ml 샴페인 75ml(차게 식힌다)

1. 차게 식힌 샴페인 잔 테두리를 레몬 웨지로 문지른다.
2. 그래뉴당을 접시에 깐 다음, 잔을 엎어 잔 테두리에 가루를 묻힌다.
3. 복숭아 주스를 잔 안에 붓는다.
4. 샴페인을 부어 잔을 채운다.
5. 즉시 내놓는다.

미모사

MIMOSA

1인분

재료
패션프루트 1개
오렌지 큐라소 12.5ml
샴페인(차게 식힌다)
스타프루트 슬라이스(장식용)

1. 깬 얼음을 셰이커에 넣는다.

2. 패션프루트 과육을 떠내 셰이커에 넣는다.

3. 큐라소를 넣고, 서리가 맺힐 때까지 흔든다.

4. 차게 식힌 샴페인 잔에 걸러 부은 다음, 샴페인을 부어 잔을 채운다. 스타프루트 슬라이스로 장식한다.

5. 즉시 내놓는다.

1인분

재료

자몽 주스 12.5ml
트리플 섹 1½작은술
만다린 리큐어 1½작은술
샴페인(차게 식힌다)
얼린 시트러스 슬라이스(장식용)

산 레모

SAN REMO

1. 자몽 주스, 트리플 섹, 만다린 리큐어를 샴페인 잔에 얼음과 함께 넣고 섞는다.
2. 샴페인을 부어 잔을 채우고, 얼린 과일로 장식한다. 즉시 내놓는다.

1인분

재료

골든 럼 25ml
쿠앵트로 12.5ml
샴페인(차게 식힌다)

스파클링 골드

SPARKLING GOLD

1. 럼과 쿠앵트로를 차게 식힌 샴페인 잔에 붓는다.
2. 샴페인을 부어 잔을 채운다. 즉시 내놓는다.

1인분

재료

코냑 또는 브랜디 12.5ml
복숭아 브랜디 또는 복숭아 슈냅스 12.5ml
패션프루트 1개의 주스(체로 거른다)
각 얼음 1개
샴페인(차게 식힌다)

더 벤틀리

THE BENTLEY

1. 차게 식힌 잔에 코냑, 복숭아 브랜디, 패션프루트 주스를 넣고 가볍게 섞는다.

2. 각 얼음을 넣고, 취향에 따라 샴페인을 천천히 붓는다. 즉시 내놓는다.

24인분

재료

아이리시 미스트 150ml
라즈베리 450g
잘게 부순 얼음 55g
스파클링 드라이 화이트 와인(750ml) 4병
(충분히 차게 식힌다)
라즈베리 24개(장식용)

라즈베리 미스트

RASPBERRY MIST

1. 아이리시 미스트와 라즈베리를 잘게 부순 얼음과 함께 블렌더에 넣고 돌린다.

2. 살얼음이 얼면 차게 식힌 샴페인 잔에 걸러 부은 다음, 스파클링 와인을 부어 잔을 채운다.

3. 잔마다 라즈베리 1개를 얹은 다음, 즉시 내놓는다.

2인분

재료
라즈베리 몇 개 생크림 12.5ml 프랑부아즈 시럽 또는 라즈베리 시럽 25ml 잘게 부순 얼음 샴페인(차게 식힌다)

와일드 실크
WILD SILK

1. 모양이 좋은 라즈베리 2개를 따로 골라 둔다. 나머지 라즈베리를 크림, 프랑부아즈 시럽, 약간의 얼음과 함께 블렌더에 넣은 다음, 서리가 맺히고 걸쭉해질 때까지 돌린다.

2. 차게 식힌 잔에 나누어 부은 다음, 샴페인을 부어 잔을 채운다.

3. 그 위에 라즈베리를 띄운 다음, 즉시 내놓는다.

블랙 벨벳

BLACK VELVET

1인분

재료
스타우트(차게 식힌다) 스파클링 화이트 와인(차게 식힌다)

1. 텀블러 잔에 스타우트를 반쯤 채운다. 숟가락을 스타우트 표면과 잔 옆면에 닿을락 말락 세우고, 숟가락 뒷면을 따라 와인을 같은 양만큼 붓는다. 즉시 내놓는다.

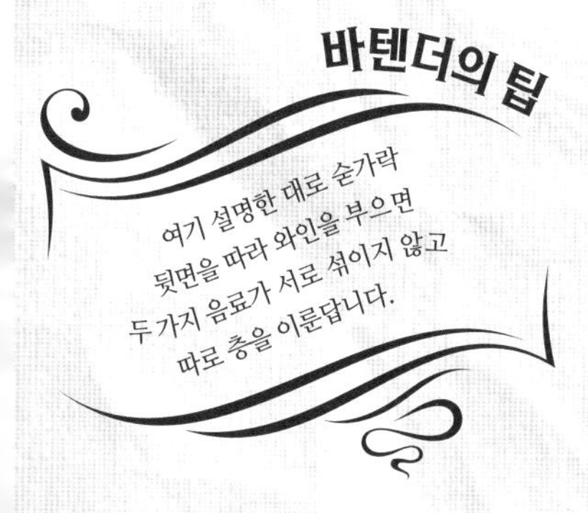

1인분

재료

각설탕 1개
신선한 민트 가지 3개, 장식용으로 1개
잭 대니얼스 위스키 25ml
샴페인(차게 식힌다)

로열 줄렙

ROYAL JULEP

1. 작은 잔에 위스키를 조금 붓고, 각설탕과 민트를 함께 넣어 으깬다.
2. 설탕이 완전히 녹으면 나머지 위스키와 함께 차게 식힌 잔에 걸러 붓는다. 샴페인을 부어 잔을 채운다.
3. 민트 가지로 장식한 다음, 즉시 내놓는다.

1인분

재료

화이트 럼 12.5ml
크렘 드 바나나 12.5ml
샴페인(차게 식힌다)
바나나 슬라이스(장식용)

캐리비언 샴페인

CARIBBEAN CHAMPAGNE

1. 럼과 크렘 드 바나나를 차게 식힌 샴페인 잔에 넣은 다음, 샴페인을 부어 잔을 채운다.
2. 가볍게 저어 섞은 다음, 바나나 슬라이스로 장식한다. 즉시 내놓는다.

1인분

재료

미도리 1½작은술
블루 큐라소 1½작은술
라임 주스 1½작은술
앙고스투라 비터스 1대시
샴페인(차게 식힌다)
라임 슬라이스(장식용)

제이드

JADE

1. 깬 얼음을 넣은 셰이커에 미도리, 큐라소, 라임 주스, 앙고스투라 비터스를 붓고, 서리가 충분히 맺힐 때까지 세차게 흔든다.
2. 차게 식힌 샴페인 잔에 걸러 붓는다. 샴페인을 부어 잔을 채우고, 라임 슬라이스로 장식한다. 즉시 내놓는다.

1인분

재료

잘게 부순 얼음
레몬 주스 50ml
심플 시럽 ½작은술
복숭아 ½개(껍질을 벗겨 씨를 제거하고 다진다)
탄산수
라즈베리(장식용)

언더 더 보드워크

UNDER THE BOARDWALK

1. 레몬 주스, 심플 시럽, 다진 복숭아를 잘게 부순 얼음과 함께 블렌더에 넣고 걸쭉해질 때까지 돌린다.
2. 차게 식힌 텀블러 잔에 붓고, 탄산수를 부어 잔을 채운 다음 가볍게 젓는다.
3. 라즈베리로 장식한 다음, 즉시 내놓는다.

몬테 카를로
MONTE CARLO

1인분

재료

각 얼음 4~6개
진 12.5ml
레몬 주스 1½작은술
샴페인 또는 스파클링 화이트 와인(차게 식힌다)
크렘 드 망트 1½작은술
신선한 민트 가지(장식용)

1. 얼음을 믹싱 글라스에 넣고, 그 위에 진과 레몬 주스를 붓는다.
2. 충분히 차게 식도록 젓는다.
3. 차게 식힌 샴페인 잔에 걸러 부은 다음, 샴페인을 부어 잔을 채운다.
4. 그 위에 크렘 드 망트를 뿌리고, 민트 가지로 장식한다.
5. 즉시 내놓는다.

플러티니
FLIRTINI

1인분

재료
신선한 파인애플 슬라이스 ¼개(다진다) 쿠앵트로 12.5ml(차게 식힌다) 보드카 12.5ml(차게 식힌다) 파인애플 주스 25ml(차게 식힌다) 샴페인(차게 식힌다)

1. 파인애플을 믹싱 글라스나 저그에 넣는다.
2. 파인애플을 으깨고 쿠앵트로, 보드카, 파인애플 주스를 넣는다. 잘 섞는다.
3. 차게 식힌 잔에 걸러 부은 다음, 샴페인을 부어 잔을 채운다.
4. 즉시 내놓는다.

4인분

피스메이커
PEACEMAKER

재료

딸기 25개(꼭지를 딴다)
작은 신선한 파인애플 ½개
(껍질을 벗겨 으깬다)
슈가 파우더 1~2큰술
마라스키노 리큐어 25ml
탄산수 225ml
드라이 샴페인 1병(750ml)
신선한 민트 잎, 딸기 슬라이스(장식용)

1. 과일과 슈가 파우더를 커다란 펀치 볼에 넣는다.
2. 물을 약간 넣고 한데 으깬다.
3. 마라스키노 리큐어와 탄산수를 넣고 잘 섞은 다음, 잔에 나누어 담는다.
4. 샴페인을 부어 잔을 채우고, 민트 잎과 딸기 슬라이스로 장식한다. 즉시 내놓는다.

1인분

서던 샴페인
SOUTHERN CHAMPAGNE

재료

서던 컴포트 25ml
앙고스투라 비터스 1대시
샴페인(차게 식힌다)
오렌지 껍질 트위스트(장식용)

1. 서던 컴포트와 비터스를 차게 식힌 샴페인 잔에 붓고, 저어 섞는다.
2. 샴페인을 부어 잔을 채운다. 오렌지 껍질 트위스트를 잔에 넣어 장식한 다음, 즉시 내놓는다.

1인분

재료

아마레토 2작은술
드라이 베르무트 2작은술
스파클링 화이트 와인

아마레틴

AMARETTINE

1. 아마레토와 베르무트를 차게 식힌 긴 칵테일 잔에 넣고 섞는다. 취향에 따라 스파클링 와인을 부어 잔을 채운 다음, 즉시 내놓는다.

1인분

재료

진 12.5ml
살구 브랜디 3대시
신선한 오렌지 주스 12.5ml
그레나딘 시럽 1작은술
친자노 1½작은술
스위트 스파클링 와인
오렌지 슬라이스, 레몬 슬라이스(장식용)

사브리나

SABRINA

1. 얼음을 넣은 셰이커에 진, 살구 브랜디, 오렌지 주스, 그레나딘 시럽, 친자노를 붓고 흔든다.
2. 긴 샴페인 잔에 걸러 부은 다음, 스파클링 와인을 부어 잔을 채운다.
3. 오렌지와 레몬 슬라이스로 장식한 다음, 즉시 내놓는다.

2인분

핑크 셔벗 로열
PINK SHERBET ROYALE

재료

스파클링 화이트 와인
350ml(아주 차게 식힌다)
크렘 드 카시스 50ml
브랜디 25ml
잘게 부순 얼음
블랙베리(장식용)

1. 와인 절반을 카시스, 브랜디, 얼음과 함께 블렌더에 넣고, 매우 차가워져 서리가 맺힐 때까지 돌린다.
2. 남은 와인을 천천히 저으며 넣은 다음, 하이볼 잔에 붓는다.
3. 블랙베리로 장식한 다음, 즉시 내놓는다.

1인분

재료
보드카에 재운 건포도 1개 크렘 드 카시스 12.5ml 보드카 1작은술 스파클링 와인

키르 레탈레
KIR LETHALE

1. 건포도를 차게 식힌 샴페인 잔 바닥에 놓는다.
2. 크렘 드 카시스와 보드카를 붓는다.
3. 스파클링 와인을 부어 잔을 채운 다음, 즉시 내놓는다.

1인분

브로큰 네그로니

BROKEN NEGRONI

재료

스위트 베르무트 25ml
캄파리 비터스 25ml
스파클링 와인
얇은 오렌지 슬라이스 ½개(장식용)

1. 얼음을 채운 믹싱 글라스에 베르무트와 비터스를 넣고 젓는다.
2. 차게 식힌 샴페인 잔에 걸러 붓는다.
3. 스파클링 와인을 부어 잔을 채우고, 오렌지 슬라이스로 장식한다. 즉시 내놓는다.

1인분

실바크

SEELBACH

재료

버번 12.5ml
트리플 섹 1½작은술
앙고스투라 비터스 2대시
페이쇼드 아로마틱 비터스 2대시
스파클링 와인
오렌지 껍질 트위스트(장식용)

1. 차게 식힌 샴페인 잔에 버번과 트리플 섹을 붓는다.
2. 비터스를 넣는다.
3. 스파클링 와인을 부어 잔을 채운다.
4. 오렌지 껍질 트위스트로 장식한 다음, 즉시 내놓는다.

1인분

데스 인 디 애프터눈
DEATH IN THE AFTERNOON

재료

파스티스 25ml
스파클링 와인
레몬 껍질 트위스트(장식용)

1. 차게 식힌 샴페인 잔에 파스티스를 붓는다.
2. 스파클링 와인을 부어 잔을 채운다.
3. 레몬 껍질 트위스트로 장식한 다음, 즉시 내놓는다.

1인분

퀸즈 커즌
THE QUEEN'S COUSIN

재료

보드카 25ml
오렌지 리큐어 12.5ml
신선한 라임 주스 12.5ml
트리플 섹 1작은술
앙고스투라 비터스 1대시
스파클링 와인

1. 깬 얼음을 넣은 셰이커에 보드카, 오렌지 리큐어, 라임 주스, 트리플 섹, 비터스를 붓는다.
2. 잘 흔든 다음, 차게 식힌 와인 잔에 걸러 붓는다.
3. 스파클링 와인을 부어 잔을 채운 다음, 즉시 내놓는다.

미드나이츠 키스
MIDNIGHT'S KISS

1인분

재료
설탕 레몬 웨지 보드카 12.5ml 블루 큐라소 2작은술 스파클링 와인

1. 설탕을 접시에 얇게 깐다. 차게 식힌 샴페인 잔 테두리를 레몬 웨지로 문질러 즙을 묻힌 다음, 설탕 위에 엎어 가루를 묻힌다.
2. 깬 얼음을 넣은 셰이커에 보드카와 큐라소를 넣고, 잘 흔든다.
3. 잔에 걸러 부은 다음, 스파클링 와인을 부어 잔을 채운다. 즉시 내놓는다.

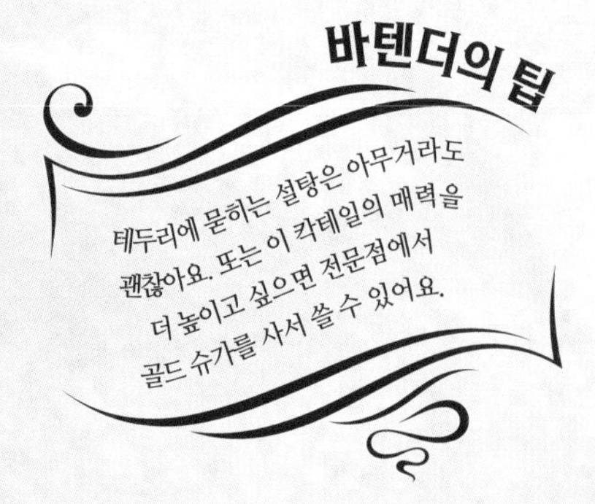

프리티 인 핑크

PRETTY IN PINK

1인분

재료
레모네이드 25ml
크랜베리 주스 25ml
스파클링 와인
민트 가지(장식용)

1. 얼음을 채운 온더락 잔에 레모네이드와 주스를 붓는다.
2. 가볍게 젓는다.
3. 스파클링 와인을 부어 잔을 채운다.
4. 민트 가지로 장식한 다음, 즉시 내놓는다.

4인분

샌 호아킨 펀치

SAN JOAQUIN PUNCH

재료

건포도 또는 다진 건자두 1큰술
브랜디 6작은술
스파클링 화이트 와인 또는 샴페인 300ml
(차게 식힌다)
화이트 크랜베리 자몽 주스 300ml

1. 작은 볼에 말린 과일과 브랜디를 넣어 섞고 1~2시간 재운다.
2. 스파클링 와인, 주스, 브랜디에 재운 과일을 저그에 넣고 섞는다.
3. 각 얼음을 채운 잔에 부은 다음, 즉시 내놓는다.

1인분

로열 실버

ROYAL SILVER

재료

그레나딘 시럽
백설탕
배 리큐어 12.5ml
트리플 섹 12.5ml
자몽 주스 50ml
스파클링 와인

1. 와인 잔 테두리를 약간의 그레나딘 시럽에 담갔다가 설탕 위에 엎어 가루를 묻힌다.
2. 깬 얼음을 넣은 셰이커에 배 리큐어, 트리플 섹, 주스를 붓는다.
3. 잘 흔든 다음, 차게 식힌 잔에 조심스럽게 걸러 붓는다.
4. 스파클링 와인을 부어 잔을 채운 다음, 즉시 내놓는다.

마릴린 먼로

MARILYN MONROE

1인분

재료

사과 브랜디 25ml
그레나딘 시럽 1작은술
스파클링 와인
칵테일 체리 2개(장식용)

1. 차게 식힌 샴페인 잔에 브랜디와 그레나딘 시럽을 넣고 젓는다.
2. 스파클링 와인을 부어 잔을 채운다.
3. 잔 가장자리에 체리를 걸쳐 장식한 다음, 즉시 내놓는다.

나이트 앤 데이

NIGHT & DAY

1인분

재료

스파클링 와인 75ml
브랜디 3작은술
오렌지 리큐어 2작은술
캄파리 비터스 1작은술

1. 차게 식힌 샴페인 잔에 스파클링 와인을 붓는다.
2. 브랜디와 오렌지 리큐어를 천천히 부은 다음, 비터스를 넣는다. 즉시 내놓는다.

1인분

재료
버번 37.5ml 앙고스투라 비터스 2대시 스파클링 사이다 짓찧은 민트 가지(장식용)

더 스톤 펜스
THE STONE FENCE

1. 차게 식혀 얼음을 채운 하이볼 잔에 버번과 비터스를 넣는다.
2. 사이다를 부어 잔을 채운다.
3. 민트 가지로 장식한 다음, 즉시 내놓는다.

애플 피즈

APPLE FIZZ

1인분

재료
스파클링 사이다 또는 스파클링 사과 주스 125ml
칼바도스 25ml
레몬 주스 ½개분
달걀 흰자 1큰술
백설탕 넉넉하게
레몬 슬라이스, 사과 슬라이스(장식용)

1. 얼음을 넣은 셰이커에 재료를 넣고 흔든다.
2. 즉시 잔에 걸러 붓는다.
3. 레몬과 사과 슬라이스로 장식한 다음, 즉시 내놓는다.

1인분

재료

코코넛 럼 25ml
스파클링 사이다
사과 슬라이스(장식용)

애플 브리즈

APPLE BREEZE

1. 차게 식힌 하이볼 잔에 얼음을 반쯤 채우고, 코코넛 럼을 넣는다.
2. 사이다를 부어 잔을 채운다.
3. 사과 슬라이스로 장식한 다음, 즉시 내놓는다.

4인분

재료

레몬 2개
슈가 파우더 115g
라즈베리 115g
바닐라 엑스트랙트 몇 방울
각 얼음 4~6개(블렌더에 넣을 것, 깬다)
탄산수
신선한 민트 가지(장식용)

라즈베리 레모네이드

RASPBERRY LEMONADE

1. 레몬 양 끝을 잘라 내고 과육을 떠내 다진다.
2. 레몬 과육을 슈가 파우더, 라즈베리, 바닐라 엑스트랙트, 깬 얼음과 함께 블렌더에 넣고 2~3분 동안 돌린다.
3. 하이볼 잔 4개에 깬 얼음을 반쯤씩 채운 다음, 칵테일을 걸러 붓는다.
4. 탄산수를 부어 잔을 채우고, 민트 가지로 장식한다. 즉시 내놓는다.

1인분

블러드 온 더 트랙스
BLOOD ON THE TRACKS

재료

캄파리 비터스 12.5ml
블러드 오렌지 주스 62.5ml
탄산수
오렌지 슬라이스, 민트 가지(장식용)

1. 차게 식혀 얼음을 채운 하이볼 잔에 비터스를 붓는다.

2. 주스를 넣는다. 젓지 않는다.

3. 탄산수를 부어 잔을 채운다.

4. 오렌지 슬라이스와 민트 가지로 장식한 다음, 즉시 내놓는다.

1인분

쿨 콜린스
COOL COLLINS

재료

신선한 민트 잎 6개, 장식용으로 몇 개
그래뉴당 1작은술
레몬 주스 50ml
탄산수
레몬 슬라이스(장식용)

1. 차게 식힌 하이볼 잔에 민트 잎을 넣는다.

2. 그래뉴당과 레몬 주스를 넣는다.

3. 민트 잎을 으깬 다음, 그래뉴당이 완전히 녹을 때까지 젓는다.

4. 깬 얼음으로 잔을 채운 다음, 탄산수를 부어 끝까지 채운다.

5. 가볍게 젓고, 민트와 레몬 슬라이스로 장식한다. 즉시 내놓는다.

헤븐리 데이즈
HEAVENLY DAYS

1인분

재료
헤이즐넛 시럽 50ml 레몬 주스 50ml 그레나딘 시럽 1작은술 탄산수

1. 깬 얼음을 셰이커에 넣는다.
2. 그 위에 헤이즐넛 시럽, 레몬 주스, 그레나딘 시럽을 붓고, 서리가 충분히 맺힐 때까지 세차게 흔든다.
3. 텀블러 잔에 깬 얼음을 반쯤 채우고, 그 위에 칵테일을 걸러 붓는다.
4. 탄산수를 부어 잔을 채운 다음, 가볍게 젓는다.
5. 즉시 내놓는다.

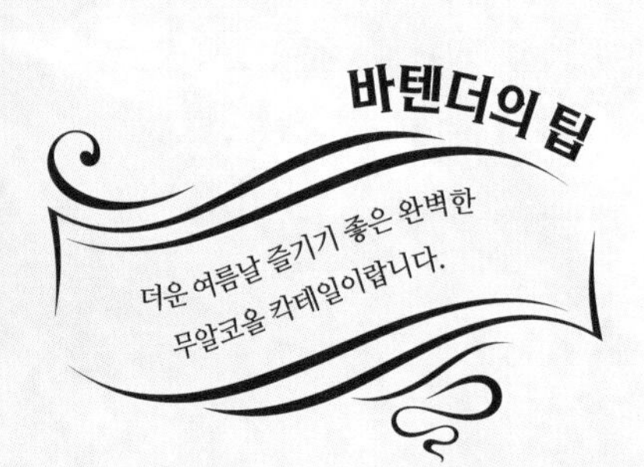

서머 펀치
SUMMER PUNCH

8인분

재료
로제 와인 700ml (차게 식힌다) 꿀 1큰술 브랜디 150ml(선택) 라즈베리, 블루베리, 딸기 등 여러 가지 베리 115g 신선한 민트 가지 3~4개, 장식용으로 1개 탄산수 600ml(차게 식힌다)

1. 펀치 볼이나 커다란 서빙용 유리잔에 와인을 붓는다. 꿀을 넣고 잘 젓는다. 원할 경우 브랜디를 넣는다.
2. 베리를 모두 한입 크기로 썬 다음, 민트 가지와 함께 와인에 넣는다.
3. 15분 동안 그대로 두었다가 탄산수와 각 얼음을 넣는다. 펀치를 국자로 떠 잔이나 펀치 컵에 넣는다. 잔마다 각 얼음 1개와 베리가 몇 조각씩 들어가도록 조절한다. 민트 가지로 장식한 다음, 즉시 내놓는다.

색다른 조합

SOMETHING DIFFERENT

1인분

엘 디아블로

EL DIABLO

재료

테킬라 25ml
신선한 라임 주스 12.5ml
크렘 드 카시스 12.5ml
진저 에일
라임 슬라이스(장식용)

1. 얼음을 넣은 셰이커에 테킬라, 라임 주스, 카시스를 넣는다. 잘 흔든다.
2. 차게 식혀 깬 얼음을 채운 하이볼 잔에 걸러 붓는다.
3. 진저 에일을 부어 잔을 채운다. 라임 슬라이스로 장식한 다음, 즉시 내놓는다.

1인분

엘 토로

EL TORO

재료

테킬라 50ml
커피 리큐어 25ml
라이트 크림 25ml(없으면 생크림)

1. 깬 얼음을 넣은 셰이커에 테킬라, 커피 리큐어, 크림을 붓는다.
2. 잘 흔든 다음, 차게 식힌 칵테일 잔에 걸러 붓는다. 즉시 내놓는다.

1인분

하이 볼티지

HIGH VOLTAGE

재료

테킬라 50ml
복숭아 슈냅스 25ml
신선한 라임 주스 12.5ml
신선한 복숭아 슬라이스(장식용)

1. 깬 얼음을 넣은 셰이커에 테킬라, 슈냅스, 주스를 붓는다.
2. 잘 흔든 다음, 차게 식힌 칵테일 잔에 걸러 붓는다.
3. 복숭아 슬라이스로 장식한 다음, 즉시 내놓는다.

1인분

실크 스타킹즈

SILK STOCKINGS

재료

테킬라 37.5ml
라즈베리 리큐어 12.5ml
크렘 드 카카오 12.5ml
헤비 크림 25ml(없으면 생크림)
신선한 라즈베리(장식용)

1. 깬 얼음을 넣은 셰이커에 테킬라, 라즈베리 리큐어, 크렘 드 카카오, 크림을 붓는다.
2. 잘 흔든 다음, 차게 식힌 칵테일 잔에 걸러 붓는다.
3. 라즈베리를 칵테일 스틱에 꿰어 장식한다. 즉시 내놓는다.

테킬라 슬래머
TEQUILA SLAMMER

1인분

재료
실버 테킬라 25ml(차게 식힌다) 레몬 주스 ½개분 스파클링 와인(차게 식힌다)

1. 차게 식힌 잔에 테킬라를 넣는다.

2. 레몬 주스를 넣는다.

3. 스파클링 와인을 부어 잔을 채운다.

4. 잔을 손바닥으로 막고 쾅 내리쳐 섞는다.

5. 즉시 내놓는다.

테킬라 선라이즈
TEQUILA SUNRISE

1인분

재료
각 얼음 4~6개(깬다) 실버 테킬라 50ml 오렌지 주스 그레나딘 시럽 25ml 오렌지 슬라이스, 칵테일 체리(장식용)

1. 차게 식힌 하이볼 잔에 깬 얼음을 넣는다. 그 위에 테킬라를 붓는다.
2. 오렌지 주스를 부어 잔을 채운다.
3. 잘 저어 섞는다.
4. 그 위에 그레나딘 시럽을 천천히 붓는다. 오렌지 슬라이스와 체리로 장식한다.
5. 즉시 내놓는다.

1인분

블랙 러시안

BLACK RUSSIAN

재료

보드카 50ml
커피 리큐어 25ml

1. 차게 식힌 온더락 잔에 깬 얼음을 넣고, 그 위에 보드카와 리큐어를 붓는다.
2. 저어 섞은 다음, 즉시 내놓는다.

1인분

젤러시

JEALOUSY

재료

크렘 드 망트 1작은술
헤비 크림 1~2큰술(없으면 생크림)
커피 리큐어 또는 초콜릿 리큐어 50ml
초콜릿 스틱(곁들여 내놓을 것)

1. 크렘 드 망트를 크림에 넣고, 가볍게 휘저어 걸쭉해질 때까지 섞는다.
2. 차게 식힌 샷 잔에 커피 리큐어를 붓고, 그 위에 앞서 휘저은 크림을 숟가락으로 조심스럽게 떠 얹는다.
3. 초콜릿 스틱을 곁들여, 즉시 내놓는다.

1인분

재료

크렘 드 바나나 25ml(차게 식힌다)
아이리시 크림 리큐어 25ml(차게 식힌다)

바나나 슬립

BANANA SLIP

1. 차게 식힌 샷 잔에 크렘 드 바나나를 붓는다.

2. 그 위에 리큐어를 조심스럽게 부어, 한 층을 더 올린다. 즉시 내놓는다.

1인분

재료

복숭아 슈냅스 25ml(차게 식힌다)
아이리시 크림 리큐어 1작은술(차게 식힌다)
그레나딘 시럽 ½작은술(차게 식힌다)

블러디 브레인

BLOODY BRAIN

1. 복숭아 슈냅스를 샷 잔에 부은 다음, 그 위에 크림 리큐어를 조심스럽게 부어 올린다.

2. 끝으로 그레나딘 시럽을 부은 다음, 즉시 내놓는다.

비브이디

BVD

재료
브랜디 25ml 드라이 베르무트 25ml 듀보네 25ml

1. 깬 얼음을 넣은 믹싱 글라스에 브랜디, 베르무트, 듀보네를 붓는다.
2. 저어 섞은 다음, 차게 식힌 와인 잔에 걸러 붓는다. 즉시 내놓는다.

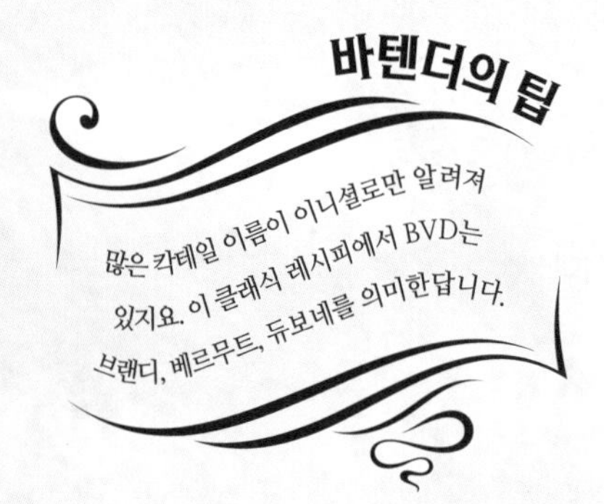

재료
슬로 진 50ml 오렌지 주스 75ml 오렌지 슬라이스(장식용)

1. 깬 얼음을 넣은 셰이커에 슬로 진과 오렌지 주스를 붓는다. 서리가 충분히 맺힐 때까지 흔든 다음, 차게 식힌 잔에 붓는다.

2. 오렌지 슬라이스로 장식한 다음, 즉시 내놓는다.

1인분

재료

크렘 드 망트 20ml(차게 식힌다)
아마룰라 20ml(차게 식힌다)

아프리칸 민트

AFRICAN MINT

1. 차게 식힌 샷 잔에 크렘 드 망트를 붓되, 몇 방울을 남긴다.
2. 숟가락 뒷면을 따라 아마룰라를 천천히 부어 한 층을 올린다.
3. 그 위에 남겨 둔 크렘 드 망트를 뿌려 마무리한다. 즉시 내놓는다.

1인분

재료

삼부카 25ml
오렌지 주스 25ml
레몬 주스 1대시
비터 레몬

잰더

ZANDER

1. 얼음을 넣은 셰이커에 삼부카, 오렌지 주스, 레몬 주스를 붓고, 서리가 충분히 맺힐 때까지 세차게 흔든다.
2. 차게 식혀 깬 얼음을 채운 잔에 걸러 붓는다. 비터 레몬을 부어 잔을 채운다. 즉시 내놓는다.

1인분

프렌치 키스

FRENCH KISS

재료

버번 50ml
살구 리큐어 25ml
그레나딘 시럽 2작은술
레몬 주스 1작은술

1. 깬 얼음을 셰이커에 넣는다.

2. 그 위에 재료를 모두 붓고, 서리가 충분히 맺힐 때까지 세차게 흔든다.

3. 차게 식힌 칵테일 잔에 걸러 부은 다음, 즉시 내놓는다.

1인분

퀸 오브 멤피스

QUEEN OF MEMPHIS

재료

버번 50ml
미도리 25ml
복숭아 주스 25ml
마라스키노 리큐어 1대시
멜론 웨지(장식용)

1. 깬 얼음을 셰이커에 넣는다.

2. 그 위에 버번, 미도리, 복숭아 주스, 마라스키노 리큐어를 붓고, 서리가 충분히 맺힐 때까지 세차게 흔든다.

3. 차게 식힌 칵테일 잔에 걸러 붓는다. 멜론 웨지로 장식한 다음, 즉시 내놓는다.

래틀스네이크
RATTLESNAKE

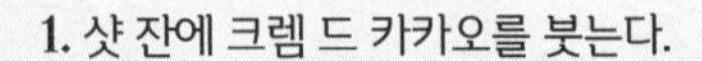

재료
다크 크렘 드 카카오 25ml (차게 식힌다) 아이리시 크림 리큐어 25ml (차게 식힌다) 칼루아 25ml(차게 식힌다)

1. 샷 잔에 크렘 드 카카오를 붓는다.
2. 그 위에 크림 리큐어를 숟가락 뒷면을 따라 천천히 부어 한 층을 올린다.
3. 칼루아를 부어 한 층을 더 올린다. 젓지 않는다. 즉시 내놓는다.

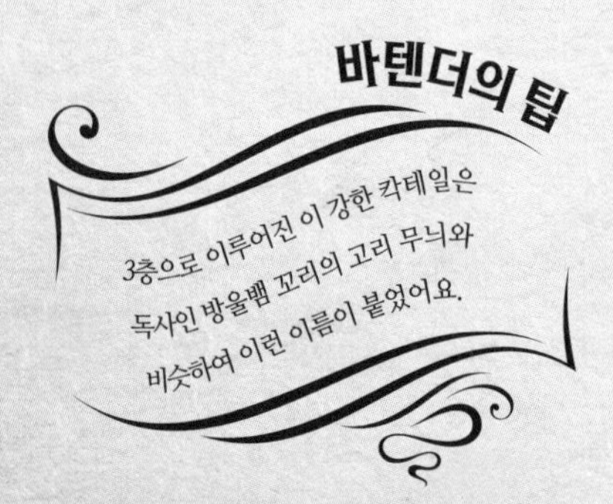

애프터 파이브

AFTER FIVE

1인분

재료
페퍼민트 슈냅스 12.5ml (차게 식힌다) 칼루아 25ml(차게 식힌다) 아이리시 크림 리큐어 1큰술

1. 차게 식힌 작은 와인 잔에 페퍼민트 슈냅스를 붓는다.

2. 숟가락 뒷면을 따라 칼루아를 조심스럽게 부어 한 층을 올린다.

3. 끝으로 맨 위에 크림 리큐어를 올린다. 즉시 내놓는다.

1인분

재료

그린 크렘 드 망트 1작은술
얼음물 1큰술
화이트 크렘 드 망트 25ml
사과 슈냅스 또는 배 슈냅스 50ml

민티드 다이아몬드
MINTED DIAMONDS

1. 그린 크렘 드 망트를 얼음물과 섞는다. 각 얼음 트레이에 부어 얼린다.
2. 얼음을 넣은 믹싱 글라스에 화이트 크렘 드 망트와 사과 또는 배 슈냅스를 붓고, 서리가 충분히 맺힐 때까지 젓는다.
3. 차게 식힌 칵테일 잔에 걸러 붓고, 망트 얼음을 넣는다. 얼음이 녹기 시작할 때 마신다.

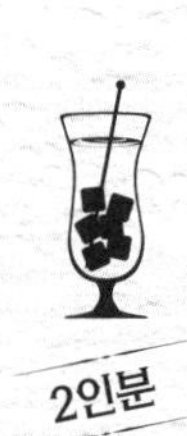

2인분

재료

골든 럼 50ml
갈리아노 25ml
파인애플 주스 50ml
라임 주스 25ml
심플 시럽 4작은술
속을 파낸 파인애플 껍질(칵테일을 담을 용도)
샴페인
라임 슬라이스, 레몬 슬라이스, 체리(장식용)

조사이어스 베이 플로트
JOSIAH'S BAY FLOAT

1. 깬 얼음을 셰이커에 넣는다.
2. 그 위에 럼, 갈리아노, 파인애플 주스, 라임 주스, 심플 시럽을 붓고, 서리가 충분히 맺힐 때까지 세차게 흔든다.
3. 파인애플 껍질에 걸러 붓는다.
4. 샴페인을 부어 파인애플 잔을 채운 다음, 라임 슬라이스, 레몬 슬라이스, 체리로 장식한다. 즉시 내놓는다.

2인분

재료

화이트 럼 50ml
다크 럼 25ml
골든 럼 25ml
팔레넘 시럽 25ml
라임 주스 25ml
진저 비어
파인애플 웨지, 생강(장식용)

멜로우 뮬

MELLOW MULE

1. 깬 얼음을 셰이커에 넣는다.
2. 그 위에 화이트 럼, 다크 럼, 골든 럼, 팔레넘 시럽, 라임 주스를 붓고, 서리가 충분히 맺힐 때까지 세차게 흔든다.
3. 차게 식힌 긴 텀블러 잔 2개에 나누어 걸러 붓는다.
4. 진저 비어를 부어 잔을 채운 다음, 파인애플 웨지와 생강으로 장식한다. 즉시 내놓는다.

1인분

재료

화이트 럼 50ml(차게 식힌다)
트리플 섹 12.5ml(차게 식힌다)
라임 주스 12.5ml
라이트 크림 12.5ml(없으면 생크림, 차게 식힌다)
심플 시럽 1작은술
바나나 ¼개(껍질을 벗겨 얇게 썬다)
라임 슬라이스(장식용)

바나나 다이커리

BANANA DAIQUIRI

1. 액체 재료를 모두 블렌더에 넣는다.
2. 바나나를 넣고, 부드러워질 때까지 돌린다.
3. 차게 식힌 텀블러 잔에 거르지 않고 그대로 붓는다.
4. 라임 슬라이스로 장식한 다음, 즉시 내놓는다.

카이피리냐
CAIPIRINHA

1인분

재료
라임 웨지 6개 굵은 설탕 2작은술 카샤샤 75ml

1. 라임 웨지를 차게 식힌 온더락 잔에 넣는다.

2. 설탕을 넣는다.

3. 라임 웨지를 짓이긴 다음, 그 위에 카샤샤를 붓는다.

4. 잔에 깬 얼음을 채우고 잘 젓는다.

5. 즉시 내놓는다.

버번 밀크 펀치
BOURBON MILK PUNCH

1인분

재료
버번 50ml 우유 75ml 바닐라 엑스트랙트 1대시 맑은 꿀 1작은술 강판에 간 육두구(장식용)

1. 깬 얼음을 셰이커에 넣는다.
2. 그 위에 버번, 우유, 바닐라 엑스트랙트를 붓는다.
3. 꿀을 넣고, 서리가 충분히 맺힐 때까지 흔든다.
4. 차게 식힌 텀블러 잔에 걸러 붓는다. 간 육두구를 그 위에 뿌린다.
5. 즉시 내놓는다.

1인분

재료

체리 브랜디 50ml
레몬 주스 25ml
콜라
레몬 슬라이스

체리 콜라

CHERRY COLA

1. 차게 식힌 온더락 잔에 깬 얼음을 반쯤 채운다.
2. 얼음 위에 체리 브랜디와 레몬 주스를 붓는다.
3. 콜라를 부어 잔을 채우고 가볍게 저은 다음, 레몬 슬라이스로 장식한다. 즉시 내놓는다.

1인분

재료

블루 큐라소 25ml
보드카 25ml
레몬 주스 1대시
레모네이드

블루 라군

BLUE LAGOON

1. 차게 식힌 칵테일 잔에 큐라소를 붓고, 이어서 보드카를 붓는다.
2. 레몬 주스를 넣은 다음, 레모네이드를 부어 잔을 채운다. 즉시 내놓는다.

1인분

재료

복숭아 또는 기타 슈냅스 25ml(차게 식힌다)
블랙 삼부카 25ml(차게 식힌다)

토네이도

TORNADO

1. 차게 식힌 샷 잔에 슈냅스를 붓는다.

2. 숟가락 뒷면을 따라 삼부카를 천천히 붓는다.

3. 몇 분간 그대로 두어, 재료가 뚜렷하게 층으로 분리되면 마신다.

1인분

재료

페퍼민트 슈냅스 1½작은술
화이트 크렘 드 카카오 1½작은술
아니스 리큐어 1½작은술
레몬 주스 1½작은술
잘게 부순 얼음

화이트 다이아몬드 프라페

WHITE DIAMOND FRAPPÉ

1. 잘게 부순 얼음 약간을 셰이커에 넣는다. 그 위에 슈냅스, 화이트 크렘 드 카카오, 아니스 리큐어, 레몬 주스를 붓고, 서리가 맺힐 때까지 흔든다.

2. 차게 식힌 온더락 잔에 걸러 부은 다음, 잘게 부순 얼음을 숟가락으로 조금 넣는다. 즉시 내놓는다.

비-52
B-52

1인분

재료
다크 크렘 드 카카오 25ml (차게 식힌다) 아이리시 크림 리큐어 25ml (차게 식힌다) 그랑 마르니에 25ml (차게 식힌다)

1. 크렘 드 카카오를 샷 잔에 붓는다.

2. 크림 리큐어를 천천히 부어 한 층을 올린다.

3. 그랑 마르니에를 천천히 붓는다.

4. 잔을 손바닥으로 막고 쾅 내리쳐 섞는다.
   또는 층이 흐트러지지 않은 상태 그대로
   내놓을 수도 있다.

5. 즉시 내놓는다.

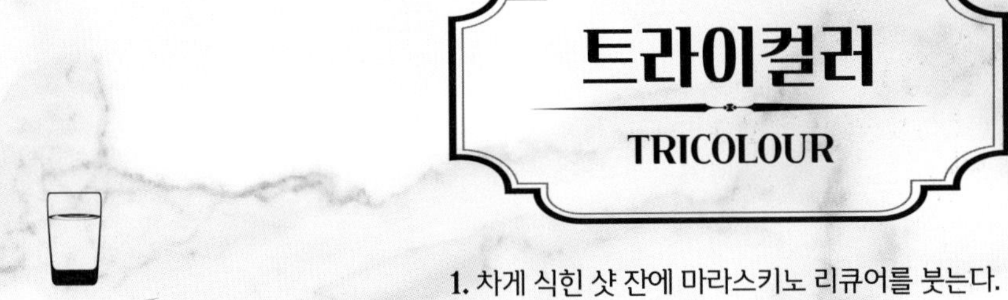

트라이컬러

TRICOLOUR

1인분

재료
레드 마라스키노 리큐어 25ml(차게 식힌다)
크렘 드 망트 25ml (차게 식힌다)
아이리시 크림 리큐어 25ml (차게 식힌다)
신선한 민트 잎(장식용)

1. 차게 식힌 샷 잔에 마라스키노 리큐어를 붓는다.
2. 크렘 드 망트를 천천히 부어 한 층을 올린다.
3. 크림 리큐어를 천천히 붓는다.
4. 민트 잎으로 장식한다.
5. 즉시 내놓는다.

1인분

재료

테킬라 75ml
사과 브랜디 25ml
크랜베리 주스 25ml
라임 주스 1대시

셰이디 레이디

SHADY LADY

1. 각 얼음을 넣은 셰이커에 테킬라, 사과 브랜디, 크랜베리 주스, 라임 주스를 붓고, 서리가 충분히 맺힐 때까지 흔든다.

2. 차게 식힌 칵테일 잔에 걸러 부은 다음, 즉시 내놓는다.

1인분

재료

아이리시 크림 리큐어 25ml
크렘 드 카카오 25ml
라이트 크림 75ml(없으면 생크림)
시나몬 가루(장식용)

무 무

MOO MOO

1. 깬 얼음을 넣은 셰이커에 액체 재료를 붓는다.

2. 잘 흔든 다음, 차게 식혀 각 얼음을 채운 하이볼 잔에 걸러 붓는다.

3. 그 위에 시나몬 가루를 조금 뿌리고, 즉시 내놓는다.

1인분

클라이맥스

CLIMAX

1. 깬 얼음을 넣은 셰이커에 재료를 모두 붓는다.

2. 잘 흔든 다음, 차게 식혀 각 얼음을 채운 온더락 잔에 걸러 붓는다. 즉시 내놓는다.

재료

아이리시 크림 리큐어 25ml
아몬드 리큐어 25ml
커피 리큐어 25ml
라이트 크림 25ml(없으면 생크림)

1인분

피치 플로이드

PEACH FLOYD

1. 깬 얼음을 넣은 믹싱 글라스에 재료를 모두 붓고 젓는다.

2. 차게 식힌 작은 잔에 부어, 즉시 내놓는다.

재료

복숭아 슈냅스 25ml(차게 식힌다)
보드카 25ml(차게 식힌다)
화이트 크랜베리 복숭아 주스 25ml (차게 식힌다)
크랜베리 주스 25ml(차게 식힌다)

상그리아
SANGRIA

6인분

재료
오렌지 1개의 주스
레몬 1개의 주스
슈가 파우더 2큰술
오렌지 1개(얇게 썬다)
레몬 1개(얇게 썬다)
레드 와인 1병(750ml, 차게 식힌다)
레모네이드(취향에 따라)

1. 커다란 저그에 오렌지 주스와 레몬 주스를 넣는다. 젓는다.
2. 슈가 파우더를 넣고 젓는다. 슈가 파우더가 완전히 녹으면 각 얼음, 얇게 썬 과일, 와인을 넣고 1시간 동안 재운다.
3. 취향에 따라 레모네이드를 넣은 다음, 깬 얼음을 넣은 잔에 붓는다. 즉시 내놓는다.

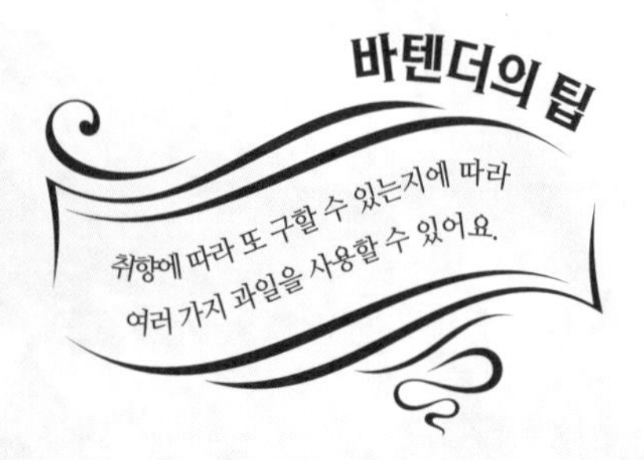

핑크 스쿼럴

PINK SQUIRREL

1인분

재료

다크 크렘 드 카카오 50ml
크렘 드 노요 25ml
라이트 크림 25ml(없으면 생크림)

1. 깬 얼음을 넣은 셰이커에 크렘 드 카카오, 크렘 드 노요, 크림을 붓고, 서리가 충분히 맺힐 때까지 세차게 흔든다.
2. 차게 식힌 칵테일 잔에 걸러 부은 다음, 즉시 내놓는다.

1인분

파이어라이터

FIRELIGHTER

1. 깬 얼음을 넣은 셰이커에 압생트와 라임 코디얼을 붓고, 서리가 충분히 맺힐 때까지 세차게 흔든다.
2. 차게 식힌 샷 잔에 걸러 부은 다음, 즉시 내놓는다.

재료

압생트 25ml(아주 차게 식힌다)
라임 코디얼 25ml(아주 차게 식힌다)

1인분

아마레토 커피

AMARETTO COFFEE

1. 따뜻하게 데운 내열 유리잔에 아마레토를 넣고, 취향에 따라 설탕을 넣는다.
2. 커피를 붓고 젓는다.
3. 설탕이 완전히 녹으면 숟가락 뒷면을 따라 크림을 매우 천천히 부어 띄운다.
4. 젓지 않고 그대로 크림을 통해 커피를 마신다.

재료

아마레토 37.5ml
백설탕
갓 내린 진한 블랙 커피
헤비 크림 1~2큰술(없으면 생크림)

1인분

아마레토 스팅어

AMARETTO STINGER

재료

아마레토 50ml
화이트 크렘 드 망트 25ml

1. 깬 얼음을 넣은 셰이커에 아마레토와 화이트 크렘 드 망트를 붓고, 서리가 충분히 맺힐 때까지 세차게 흔든다.
2. 차게 식힌 온더락 잔에 걸러 부은 다음, 즉시 내놓는다.

1인분

머드슬라이드

MUDSLIDE

재료

칼루아 37.5ml
아이리시 크림 리큐어 37.5ml
보드카 37.5ml

1. 깬 얼음을 넣은 셰이커에 칼루아, 크림 리큐어, 보드카를 붓고, 서리가 충분히 맺힐 때까지 세차게 흔든다.
2. 차게 식힌 잔에 걸러 부은 다음, 즉시 내놓는다.

아이리시 스팅어
IRISH STINGER

재료
아이리시 크림 리큐어 25ml 화이트 크렘 드 망트 25ml

1. 깬 얼음을 넣은 셰이커에 크림 리큐어와 화이트 크렘 드 망트를 붓고, 서리가 충분히 맺힐 때까지 세차게 흔든다.

2. 차게 식힌 샷 잔 또는 온더락 잔에 걸러 붓는다.

화이트 코스모폴리탄
WHITE COSMOPOLITAN

1인분

재료

리몬첼로 37.5ml
쿠앵트로 12.5ml
화이트 크랜베리 포도 주스 25ml
오렌지 비터스 1대시
크랜베리(장식용)

1. 깬 얼음을 넣은 셰이커에 리몬첼로, 쿠앵트로, 주스를 붓고, 서리가 맺힐 때까지 흔든다.

2. 차게 식힌 잔에 걸러 붓는다.

3. 비터스를 넣고, 크랜베리로 장식한다. 즉시 내놓는다.

1인분

초콜릿 마티니

CHOCOLATE MARTINI

재료

오렌지 슬라이스
코코아 가루
보드카 50ml
크렘 드 카카오 1½작은술
오렌지 플라워 워터 2대시
오렌지 껍질 트위스트(장식용)

1. 칵테일 잔 테두리를 오렌지 슬라이스로 문지른 다음, 코코아 가루 위에 엎어 잔 테두리에 가루를 묻힌다.
2. 각 얼음을 넣은 셰이커에 보드카, 크렘 드 카카오, 오렌지 플라워 워터를 붓고, 서리가 충분히 맺힐 때까지 흔든다.
3. 칵테일 잔에 걸러 붓고, 오렌지 껍질 트위스트로 장식한다. 즉시 내놓는다.

1인분

앨라배마 슬래머

ALABAMA SLAMMER

재료

서던 컴포트 25ml
아마레토 25ml
슬로 진 25ml
레몬 주스 ½작은술

1. 깬 얼음을 넣은 믹싱 글라스에 서던 컴포트, 아마레토, 슬로 진을 붓고 젓는다.
2. 샷 잔에 걸러 붓고, 레몬 주스를 넣는다. 잔을 손바닥으로 막고 테이블에 쾅 내리친 다음, 즉시 마신다.

1인분

재료

잘게 부순 얼음
드람뷔 50ml
토피 리큐어 25ml(아주 차게 식힌다)

토피 스플릿
TOFFEE SPLIT

1. 잘게 부순 얼음을 샷 잔에 채운다.

2. 얼음 위에 드람뷔를 부은 다음, 숟가락 뒷면을 따라 토피 리큐어를 부어 띄운다. 즉시 내놓는다.

1인분

재료

칼루아 12.5ml
말리부 12.5ml(차게 식힌다)
버터스카치 슈냅스 12.5ml(차게 식힌다)
우유 25ml(차게 식힌다)

부두
VOODOO

1. 차게 식힌 샷 잔에 칼루아, 말리부, 슈냅스, 우유를 붓는다.

2. 잘 젓는다. 즉시 내놓는다.

나폴리언스 나이트캡
NAPOLEON'S NIGHTCAP

1인분

재료
코냑 32ml 다크 크렘 드 카카오 25ml 크렘 드 바나나 1½작은술 생크림 1큰술

1. 깬 얼음을 넣은 믹싱 글라스에 코냑, 크렘 드 카카오, 크렘 드 바나나를 붓고 젓는다.
2. 차게 식힌 칵테일 잔에 걸러 붓고, 그 위에 크림을 띄운다. 즉시 내놓는다.

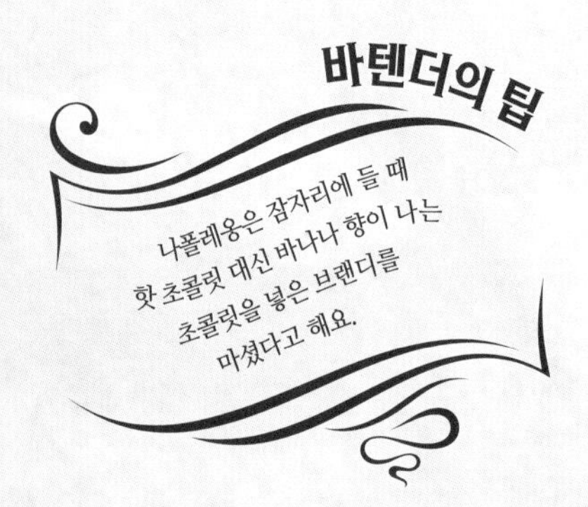

아이리시 커피

IRISH COFFEE

1인분

재료

아이리시 위스키 50ml
백설탕
갓 내린 진한 블랙 커피
헤비 크림 50ml(없으면 생크림)

1. 따뜻하게 데운 내열 유리잔에 위스키를 넣고, 취향에 따라 설탕을 넣는다.
2. 커피를 붓고 젓는다.
3. 설탕이 완전히 녹았을 때, 숟가락 뒷면을 따라 크림을 매우 천천히 부어 그 위에 띄운다.
4. 젓지 않는다. 크림을 통해 커피를 마신다.

무알코올 칵테일

MOCKTAILS

미니 콜라다

MINI COLADA

재료

우유 150ml
코코넛 크림 75ml
파인애플 주스 100ml
파인애플 조각, 파인애플 잎, 칵테일 체리
(장식용)

1. 깬 얼음을 셰이커에 넣는다.

2. 그 위에 우유와 코코넛 크림을 붓는다.

3. 파인애플 주스를 넣고, 서리가 충분히 맺힐 때까지 세차게 흔든다.

4. 하이볼 잔에 깬 얼음을 반쯤 채우고, 그 안에 칵테일을 걸러 붓는다. 파인애플 조각과 잎, 체리로 장식한다. 즉시 내놓는다.

셜리 템플

SHIRLEY TEMPLE

재료

레몬 주스 50ml
그레나딘 시럽 12.5ml
심플 시럽 12.5ml
진저 에일
오렌지 슬라이스(장식용)

1. 깬 얼음을 셰이커에 넣는다.

2. 그 위에 레몬 주스, 그레나딘 시럽, 심플 시럽을 붓고, 서리가 충분히 맺힐 때까지 세차게 흔든다.

3. 차게 식힌 하이볼 잔에 깬 얼음을 반쯤 채우고, 그 위에 칵테일을 걸러 붓는다.

4. 진저 에일을 부어 잔을 채운 다음, 오렌지 슬라이스로 장식한다. 즉시 내놓는다.

1인분

브라이트 그린 쿨러
BRIGHT GREEN COOLER

재료

파인애플 주스 75ml
라임 주스 50ml
그린 페퍼민트 시럽 25ml
진저 에일
오이 조각, 라임 슬라이스(장식용)

1. 깬 얼음을 셰이커에 넣는다.
2. 그 위에 파인애플 주스, 라임 주스, 페퍼민트 시럽을 붓고, 서리가 충분히 맺힐 때까지 세차게 흔든다.
3. 차게 식힌 하이볼 잔에 깬 얼음을 반쯤 채우고, 그 위에 칵테일을 걸러 붓는다.
4. 진저 에일을 부어 잔을 채운 다음, 오이 조각과 라임 슬라이스로 장식한다. 즉시 내놓는다.

2인분

메이든리 미모사
MAIDENLY MIMOSA

재료

오렌지 주스 175ml
스파클링 화이트 포도 주스 175ml
오렌지 슬라이스(장식용)

1. 샴페인 잔 2개를 차게 식힌다.
2. 오렌지 주스를 잔 2개에 나누어 부은 다음, 스파클링 포도 주스를 부어 잔을 채운다.
3. 오렌지 슬라이스로 장식한 다음, 즉시 내놓는다.

프로히비션 펀치
PROHIBITION PUNCH

6인분

재료
사과 주스 850ml 레몬 주스 350ml 심플 시럽 125ml 깬 얼음 진저 에일 2.25L 오렌지 슬라이스(장식용)

1. 사과 주스를 커다란 저그에 붓는다.

2. 레몬 주스, 심플 시럽, 깬 얼음 한 줌을 넣는다.

3. 진저 에일을 넣고 가볍게 저어 섞는다. 차게 식힌 온더락 잔에 붓고, 오렌지 슬라이스로 장식한다. 즉시 내놓는다.

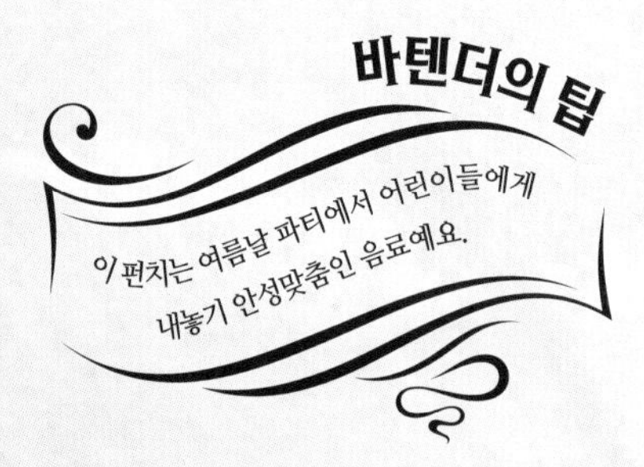

레드 애플 선셋

RED APPLE SUNSET

1인분

재료
사과 주스 50ml 자몽 주스 50ml 그레나딘 시럽 1대시

1. 각 얼음을 넣은 셰이커에 재료를 모두 붓고, 서리가 충분히 맺힐 때까지 흔든다.
2. 차게 식힌 칵테일 잔에 걸러 부은 다음, 즉시 내놓는다.

1인분

포 키르 로얄

FAUX KIR ROYALE

재료

라즈베리 시럽 37.5ml
스파클링 사과 주스(차게 식힌다)

1. 깬 얼음을 믹싱 글라스에 넣는다. 그 위에 라즈베리 시럽을 붓는다.
2. 잘 저어 섞은 다음, 차게 식힌 와인 잔에 걸러 붓는다.
3. 스파클링 사과 주스를 부어 잔을 채우고 젓는다. 즉시 내놓는다.

1인분

랜치 걸

RANCH GIRL

재료

라임 주스 25ml
바비큐 소스 25ml
우스터셔 소스
핫소스
토마토 주스
라임 슬라이스 2개, 할라페뇨 피클 1개(장식용)

1. 각 얼음을 넣은 셰이커에 라임 주스, 바비큐 소스, 약간의 우스터셔 소스와 핫소스를 붓고, 서리가 충분히 맺힐 때까지 흔든다.
2. 차게 식힌 하이볼 잔에 부은 다음, 토마토 주스를 부어 잔을 채우고 젓는다.
3. 라임 슬라이스와 할라페뇨 피클로 장식한다. 즉시 내놓는다.

1인분

베이비 벨리니

BABY BELLINI

재료

복숭아 주스 50ml
레몬 주스 25ml
스파클링 사과 주스

1. 차게 식힌 샴페인 잔에 복숭아 주스와 레몬 주스를 붓고, 잘 젓는다.
2. 스파클링 사과 주스를 부어 잔을 채우고, 다시 젓는다. 즉시 내놓는다.

1인분

바이트 오브 디 애플

BITE OF THE APPLE

재료

잘게 부순 얼음
사과 주스 125ml
라임 주스 25ml
오르자 ½작은술
사과 소스 또는 사과 퓌레 1큰술
시나몬 가루

1. 잘게 부순 얼음을 사과 주스, 라임 주스, 오르쟈, 사과 소스와 함께 블렌더에 넣고, 부드러워질 때까지 돌린다.
2. 차게 식힌 온더락 잔에 붓고, 시나몬 가루를 뿌린다. 즉시 내놓는다.

1인분

재료
토마토 주스 75ml 레몬 주스 25ml 우스터셔 소스 2대시 핫소스 1대시 셀러리 소금 1꼬집 후추 레몬 웨지, 셀러리 스틱 (장식용)

버진 메리
VIRGIN MARY

1. 깬 얼음을 셰이커에 넣는다. 그 위에 토마토 주스를 붓는다.

2. 레몬 주스를 넣는다.

3. 우스터셔 소스와 핫소스를 붓는다. 서리가 충분히 맺힐 때까지 세차게 흔든다.

4. 취향에 따라 셀러리 소금과 후추로 간을 맞춘 다음, 차게 식힌 잔에 걸러 붓는다. 레몬 웨지와 셀러리 스틱으로 장식한다.

5. 즉시 내놓는다.

상그리아 세카

SANGRIA SECA

6인분

재료

토마토 주스 475ml
오렌지 주스 225ml
라임 주스 75ml
핫소스 12.5ml
우스터셔 소스 2작은술
할라페뇨 1개(씨를 빼고 곱게 다진다)
셀러리 소금
백후추(갓 간 것이 좋다)

1. 토마토 주스, 오렌지 주스, 라임 주스, 핫소스, 우스터셔 소스를 저그에 붓는다.
2. 할라페뇨를 넣고, 셀러리 소금과 백후추로 간을 한다.
3. 잘 저은 다음, 적어도 1시간 동안 냉장고에 두어 차게 식힌다.
4. 내놓을 때는 차게 식힌 하이볼 잔에 깬 얼음을 반쯤 채우고, 그 위에 칵테일을 걸러 붓는다.
5. 즉시 내놓는다.

1인분

닉스 빅토리 쿨러

KNICKS VICTORY COOLER

재료

살구 주스 50ml
라즈베리 주스
오렌지 껍질 트위스트, 라즈베리 몇 개(장식용)

1. 차게 식힌 하이볼 잔에 깬 얼음을 반쯤 채운다.

2. 얼음 위에 살구 주스를 부은 다음, 라즈베리 주스를 부어 잔을 채우고 가볍게 젓는다.

3. 오렌지 껍질 트위스트와 신선한 라즈베리로 장식한다. 즉시 내놓는다.

2인분

뉴 잉글랜드 파티

NEW ENGLAND PARTY

재료

핫소스 1대시
우스터셔 소스 1대시
레몬 주스 1작은술
당근 1개(다진다)
셀러리 스틱 2개(다진다)
토마토 주스 300ml
클램 주스 150ml
소금, 갓 간 후추
셀러리 스틱(장식용)

1. 소금과 후추, 장식용 셀러리 스틱을 뺀 나머지 재료를 모두 잘게 부순 얼음과 함께 블렌더에 넣고, 부드러워질 때까지 돌린다.

2. 저그에 옮겨 붓고 뚜껑을 덮은 다음, 냉장고에서 1시간 정도 차게 식힌다.

3. 차게 식힌 하이볼 잔 2개에 나누어 붓고, 취향에 따라 간을 한다.

4. 셀러리 스틱으로 장식한 다음, 즉시 내놓는다.

2인분

프루트 쿨러

FRUIT COOLER

재료

오렌지 주스 225ml
플레인 요구르트 125ml
달걀 2개
바나나 2개(얇게 썰어 얼린다)
신선한 바나나 슬라이스(장식용)

1. 오렌지 주스와 요구르트를 블렌더에 넣고, 섞일 때까지 가볍게 돌린다.
2. 달걀과 얼린 바나나를 넣고, 부드러워질 때까지 돌린다.
3. 하이볼 잔이나 허리케인 잔에 붓고, 신선한 바나나 슬라이스로 장식한다. 즉시 내놓는다.

1인분

시트러스 피즈

CITRUS FIZZ

재료

신선한 오렌지 주스 50ml(차게 식힌다)
그래뉴당
직접 짠 라임 주스
앙고스투라 비터스 몇 방울
탄산수 50~75ml(차게 식힌다)

1. 샴페인 잔 테두리를 오렌지 주스나 라임 주스로 문지른 다음, 그래뉴당 위에 엎어 가루를 묻힌다.
2. 믹싱 글라스에 오렌지 주스, 라임 주스, 비터스를 넣고 저은 다음, 잔에 붓는다.
3. 취향에 따라 탄산수를 넣고, 즉시 내놓는다.

망고 라시
MANGO LASSI

2인분

재료

우유 225ml
플레인 요구르트 125ml
장미수 1큰술
꿀 3큰술
잘 익은 망고 1개(껍질을 벗겨 깍둑썬다)
각 얼음 4~6개
장미 꽃잎(장식용, 선택)

1. 우유와 요구르트를 블렌더에 붓고, 섞일 때까지 돌린다.
2. 장미수와 꿀을 넣고, 섞일 때까지 돌린다.
3. 망고와 각 얼음을 넣고, 부드러워질 때까지 돌린다.
4. 차게 식힌 잔 2개에 나누어 붓고, 원할 경우 장미 꽃잎으로 장식한다.
5. 즉시 내놓는다.

코코넛 크림
COCONUT CREAM

2인분

재료

파인애플 주스 350ml
코코넛 밀크 90ml
바닐라 아이스크림 150g
얼린 파인애플 조각 140g
강판에 간 신선한 코코넛
(장식용)

1. 파인애플 주스와 코코넛 밀크를 블렌더에 붓는다.
2. 아이스크림을 넣고, 부드러워질 때까지 돌린다.
3. 파인애플 조각을 넣고, 부드러워질 때까지 돌린다.
4. 차게 식힌 잔 2개에 나누어 붓고, 코코넛으로 장식한다.
5. 즉시 내놓는다.

1인분

재료

라즈베리 90g
잘게 부순 얼음
코코넛 크림 25ml
파인애플 주스 150ml
파인애플 웨지, 라즈베리 몇 개(장식용)

코코베리

COCOBERRY

1. 체에 라즈베리를 놓고 숫가락 뒷면으로 문질러 퓌레를 만든 다음, 블렌더에 넣는다.
2. 잘게 부순 얼음, 코코넛 크림, 파인애플 주스를 넣고 부드러워질 때까지 돌린 다음, 거르지 않고 차게 식힌 온더락 잔에 그대로 붓는다.
3. 파인애플 웨지와 신선한 라즈베리로 장식한다. 즉시 내놓는다.

1인분

재료

차가운 우유 75ml
코코넛 크림 25ml
바닐라 아이스크림 2스쿱
각 얼음 3~4개
그레나딘 시럽 1대시
구운 건조 코코넛(장식용)

코코벨

COCOBELLE

1. 우유, 크림, 아이스크림, 각 얼음을 블렌더에 넣고, 걸쭉해질 때까지 돌린다.
2. 하이볼 잔을 차게 식힌 다음, 잔 안쪽 면을 따라 그레나딘 시럽 몇 방울을 천천히 흘려 넣는다.
3. 블렌더로 섞은 것을 천천히 부은 다음, 그 위에 구운 코코넛을 뿌린다. 즉시 내놓는다.

1인분

슬러시 퍼피

SLUSH PUPPY

재료

레몬 1개 또는 핑크 자몽 ½개의 주스
그래나딘 시럽 2큰술
레몬 껍질 몇 개
라즈베리 시럽 2~3작은술
소다수
칵테일 체리(장식용)

1. 차게 식힌 하이볼 잔에 각 얼음을 채우고, 레몬 주스와 그레나딘 시럽을 붓는다.

2. 레몬 껍질, 시럽, 소다수를 취향에 따라 넣는다. 체리로 장식한 다음, 즉시 내놓는다.

1인분

타이 프루트 칵테일

THAI FRUIT COCKTAIL

재료

파인애플 주스 50ml
오렌지 주스 50ml
라임 주스 1큰술
패션프루트 주스 50ml
구아바 주스 100ml
꽃(장식용)

1. 셰이커에 잘게 부순 얼음을 넣고, 그 위에 재료를 부어 흔든다.

2. 차게 식힌 잔에 붓고, 꽃으로 마무리한다. 즉시 내놓는다.

1인분

재료
각 얼음 4~6개(깬다) 사과 주스 100ml 바닐라 아이스크림 1작은 스쿱 소다수 시나몬 설탕, 사과 슬라이스 (장식용)

애플 파이 크림

APPLE PIE CREAM

1. 깬 얼음을 블렌더에 넣고, 사과 주스와 아이스크림을 넣는다.
2. 거품이 고루 생기고 서리가 맺힐 때까지 10~15초 동안 돌린다. 잔에 부은 다음, 소다수를 부어 잔을 채운다.
3. 그 위에 시나몬 설탕을 뿌리고 사과 슬라이스로 장식한다. 즉시 내놓는다.

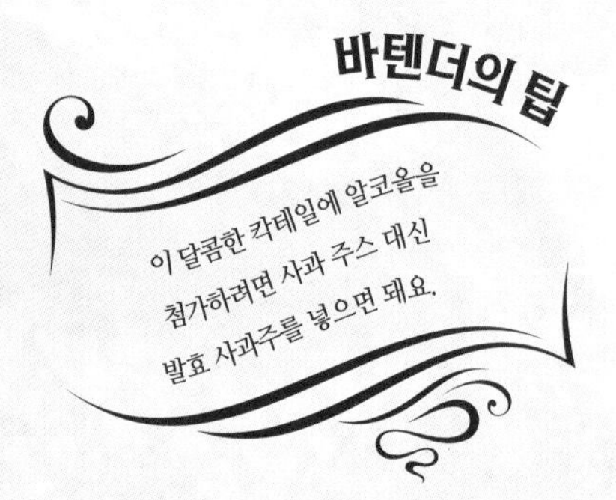

피치 크림

PEACHY CREAM

1인분

재료
복숭아 주스 50ml (차게 식힌다) 라이트 크림 50ml (없으면 생크림)

1. 각 얼음을 넣은 셰이커에 복숭아 주스와 크림을 함께 붓고, 서리가 충분히 맺힐 때까지 세차게 흔든다.

2. 차게 식힌 하이볼 잔 또는 온더락 잔에 깬 얼음을 반쯤 채우고, 그 위에 칵테일을 걸러 붓는다. 즉시 내놓는다.

1인분

진저 피즈

GINGER FIZZ

재료

진저 에일
신선한 민트 가지 몇 개, 장식용으로 1개
신선한 라즈베리(장식용)

1. 진저 에일 50ml를 블렌더에 붓고, 민트 가지 몇 개를 넣은 다음 함께 돌린다.
2. 차게 식힌 하이볼 잔에 깬 얼음을 ⅔정도 넣고 그 위에 걸러 부은 다음, 진저 에일을 더 부어 잔을 채운다.
3. 라즈베리와 민트 가지로 장식한다. 즉시 내놓는다.

1인분

소버 선데이

SOBER SUNDAY

재료

그레나딘 시럽 50ml
신선한 레몬 주스 또는 라임 주스 50ml
레모네이드
신선한 레몬 슬라이스 또는 라임 슬라이스 (장식용)

1. 얼음을 채운 하이볼 잔에 그레나딘 시럽과 과일 주스를 붓는다.
2. 레모네이드를 부어 잔을 채운 다음, 레몬이나 라임 슬라이스로 마무리한다. 즉시 내놓는다.

1인분

롱 보트

LONG BOAT

재료

라임 코디얼 25ml
진저 비어
라임 웨지, 민트 가지(장식용)

1. 차게 식힌 잔에 각 얼음을 ⅔정도 채우고, 라임 코디얼을 붓는다.
2. 진저 비어를 부어 잔을 채운 다음, 가볍게 젓는다.
3. 라임 웨지와 민트 가지로 장식한다. 즉시 내놓는다.

2인분

크랜베리 에너자이저

CRANBERRY ENERGIZER

재료

크랜베리 주스 300ml
오렌지 주스 125ml
신선한 라즈베리 55g
레몬 주스 1큰술
신선한 오렌지 슬라이스(장식용)

1. 크랜베리 주스와 오렌지 주스를 블렌더에 넣고, 섞일 때까지 가볍게 돌린다.
2. 라즈베리와 레몬 주스를 넣고, 부드러워질 때까지 돌린다.
3. 잔에 나누어 걸러 붓고, 오렌지 슬라이스로 장식한다. 즉시 내놓는다.

더 거너
THE GUNNER

1인분

재료
각 얼음 4~6개
라임 주스 50ml
앙고스투라 비터스 2~3대시(또는 취향대로)
진저 비어 200ml
레모네이드 200ml

1. 모든 재료를 하이볼 잔에 함께 넣고 섞는다.

2. 맛을 보고 원하면 앙고스투라 비터스를 더 넣는다. 즉시 내놓는다.

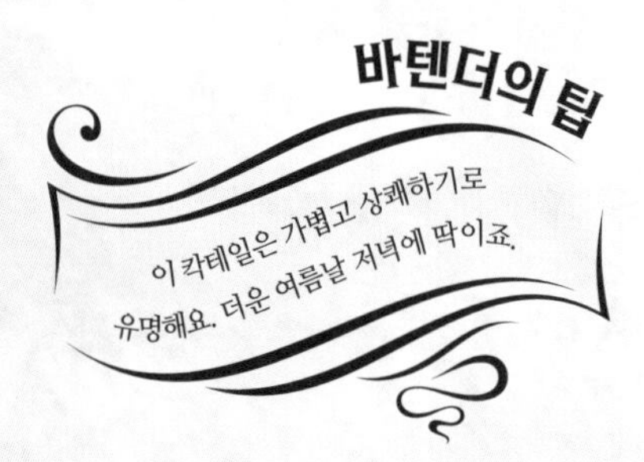

페어 앤 라즈베리 딜라이트
PEAR & RASPBERRY DELIGHT

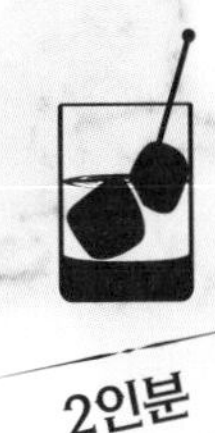

2인분

재료

잘 익은 커다란 앙주 배 2개(껍질을 벗겨 속을 파내어 다진다)
얼린 라즈베리 140g
얼음물 175ml
꿀(취향에 따라)
라즈베리(장식용)

1. 배, 라즈베리, 얼음물을 블렌더에 함께 넣고, 부드러워질 때까지 돌린다.
2. 맛을 보고, 맛이 조금 시다면 꿀을 넣는다.
3. 잔에 나누어 걸러 붓고, 라즈베리로 장식한다. 즉시 내놓는다.

2인분

재료

딸기 450g
코코넛 크림 125ml
파인애플 주스 600ml(차게 식힌다)

스트로베리 콜라다

STRAWBERRY COLADA

1. 딸기 4개를 장식용으로 따로 남겨 두고, 나머지를 반으로 갈라 블렌더에 넣는다.

2. 코코넛 크림과 파인애플 주스를 넣고, 부드러워질 때까지 돌린다. 차게 식힌 잔에 부은 다음, 남겨 둔 딸기로 장식한다. 즉시 내놓는다.

1인분

재료

오렌지 주스 50ml
비터 레몬 50ml
오렌지 슬라이스, 레몬 슬라이스(장식용)

세인트 클레멘츠

ST. CLEMENTS

1. 차게 식힌 텀블러 잔에 각 얼음을 넣는다. 오렌지 주스와 비터 레몬을 붓는다.

2. 가볍게 저은 다음, 오렌지와 레몬 슬라이스로 장식한다. 즉시 내놓는다.

2인분

바나나 커피 브레이크

BANANA COFFEE BREAK

재료

우유 300ml
인스턴트 커피 가루 4큰술
바닐라 아이스크림 140g
바나나 2개(얇게 썰어 얼린다), 장식용으로 슬라이스 몇 개
흑설탕(취향에 따라)

1. 우유를 블렌더에 붓고, 커피 가루를 넣고 섞일 때까지 가볍게 돌린다. 아이스크림 절반을 넣고 가볍게 돌린 다음, 남은 아이스크림을 넣고 잘 섞일 때까지 돌린다.
2. 완전히 섞이면 바나나와 설탕을 취향에 따라 넣고, 부드러워질 때까지 돌린다.
3. 차게 식힌 잔에 나누어 부은 다음, 바나나 슬라이스 몇 개로 장식한다. 즉시 내놓는다.

1인분

코코 콜라다

COCO COLADA

재료

파인애플 주스 100ml
코코넛 크림 50ml
잘게 부순 얼음 25ml
파인애플 웨지, 칵테일 체리(장식용)

1. 파인애플 주스와 코코넛 크림을 블렌더에 넣은 다음, 잘게 부순 얼음을 넣는다.
2. 섞여 걸쭉해질 때까지 돌린 다음, 차게 식힌 잔에 붓는다.
3. 스틱에 꿴 파인애플 웨지와 체리로 잔을 장식한다. 즉시 내놓는다.

소프트 상그리아

SOFT SANGRIA

10인분

재료

적포도 주스 1.5L
오렌지 주스 300ml
크랜베리 주스 75ml
레몬 주스 50ml
라임 주스 50ml
심플 시럽 100ml
각 얼음
레몬 슬라이스, 오렌지 슬라이스, 라임 슬라이스 (장식용)

1. 포도 주스, 오렌지 주스, 크랜베리 주스, 레몬 주스, 라임 주스, 심플 시럽을 차게 식힌 펀치 볼에 넣고 잘 젓는다.

2. 각 얼음을 넣고 레몬, 오렌지, 라임 슬라이스로 장식한다.

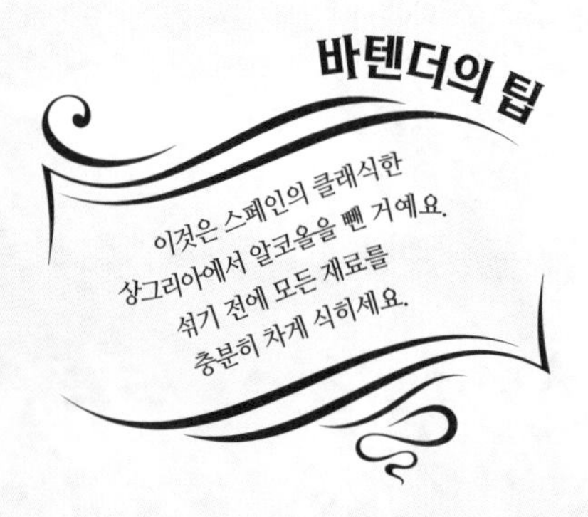

선라이즈
SUNRISE

1인분

재료
오렌지 주스 50ml 레몬 주스 25ml 그레나딘 시럽 25ml 탄산수

1. 깬 얼음을 차게 식힌 하이볼 잔에 넣고, 그 위에 오렌지 주스, 레몬 주스, 그레나딘 시럽을 붓는다.

2. 잘 저은 다음, 탄산수를 부어 잔을 채운다. 즉시 내놓는다.

1인분

폼 폼

POM POM

재료

레몬 주스 ½개분
달걀 흰자 1개
그레나딘 시럽 1대시
잘게 부순 얼음
레모네이드
레몬 슬라이스(장식용)

1. 레몬 주스, 달걀 흰자, 그레나딘 시럽을 셰이커에 함께 넣고 잘 흔든 다음, 잘게 부순 얼음을 넣은 잔에 걸러 붓는다.

2. 레모네이드를 부어 잔을 채운 다음, 잔 테두리에 레몬 슬라이스를 걸쳐 장식한다. 즉시 내놓는다.

4인분

퍼키 파인애플

PERKY PINEAPPLE

재료

깬 얼음
바나나 2개
파인애플 주스 225ml(차게 식힌다)
라임 주스 125ml
파인애플 슬라이스(장식용)

1. 깬 얼음을 블렌더에 넣는다. 바나나 껍질을 벗기고 블렌더 안으로 얇게 썰어 넣는다. 파인애플 주스와 라임 주스를 넣고, 부드러워질 때까지 돌린다.

2. 차게 식힌 잔에 나누어 붓고, 파인애플 슬라이스로 장식한다. 즉시 내놓는다.

1인분

모카 슬러시

MOCHA SLUSH

재료

잘게 부순 얼음
커피 시럽 100ml
초콜릿 시럽 3큰술
우유 200ml
강판에 간 초콜릿(장식용)

1. 잘게 부순 얼음을 커피 시럽, 초콜릿 시럽, 우유와 함께 작은 블렌더에 넣고, 걸쭉해질 때까지 돌린다.

2. 차게 식힌 잔에 붓고, 강판에 간 초콜릿을 뿌린다. 즉시 내놓는다.

2인분

모카 크림

MOCHA CREAM

재료

우유 200ml
라이트 크림 50ml(없으면 생크림)
흑설탕 1큰술
코코아 가루 2큰술
커피 시럽 또는 인스턴트 커피 가루 1큰술
각 얼음 6개
휘핑 크림, 강판에 간 초콜릿(장식용)

1. 우유, 크림, 설탕을 블렌더에 넣고, 섞일 때까지 가볍게 돌린다.

2. 코코아 가루와 커피 시럽을 넣고 충분히 돌린 다음, 각 얼음을 넣고 부드러워질 때까지 돌린다.

3. 잔에 나누어 붓는다. 끝으로 휘핑 크림을 얹고, 그 위에 강판에 간 초콜릿을 뿌린다. 즉시 내놓는다.

아널드 파머
ARNOLD PALMER

1인분

재료
각 얼음 레모네이드 75ml 아이스티 75ml

1. 차게 식힌 하이볼 잔에 각 얼음을 반쯤 채우고, 레모네이드를 붓는다.
2. 아이스티를 섞이지 않도록 천천히 붓는다.
3. 빨대와 함께 즉시 내놓는다.

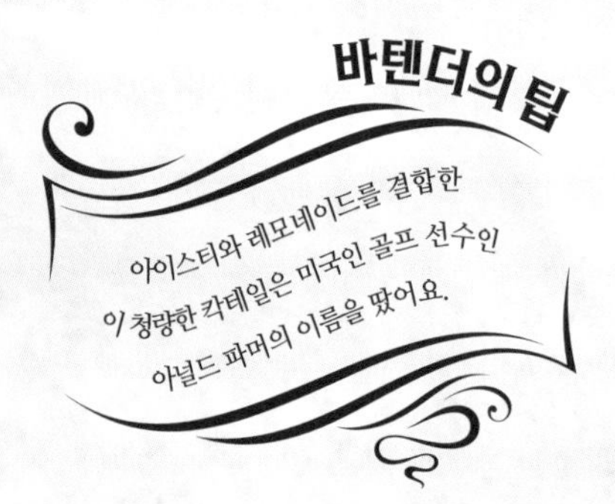

1인분

재료
굵은 설탕 굵은 소금 라임 웨지 깬 얼음 라임 주스 12.5ml 자몽 주스

솔티 퍼피

SALTY PUPPY

1. 접시에 설탕과 소금을 1:1 비율로 섞는다.
2. 차게 식힌 하이볼 잔 테두리를 라임 웨지로 문지른 다음, 섞은 설탕과 소금 위에 엎어 잔 테두리에 가루를 묻힌다.
3. 잔에 깬 얼음을 채우고, 그 위에 라임 주스를 붓는다. 자몽 주스를 부어 잔을 채우고, 즉시 내놓는다.

1인분

클램 디거

CLAM DIGGER

재료

핫소스
우스터셔 소스
토마토 주스 100ml
클램 주스 100ml
호스래디시 소스 ¼작은술
셀러리 소금, 후추
셀러리 스틱, 라임 웨지(장식용)

1. 각 얼음 4~6개를 셰이커에 넣는다. 얼음 위에 핫소스와 우스터셔 소스를 뿌린 다음, 토마토 주스와 클램 주스를 붓고 호스래디시 소스를 넣는다. 서리가 맺힐 때까지 세차게 흔든다.

2. 차게 식힌 하이볼 잔에 깬 얼음을 채우고, 그 위에 칵테일을 걸러 붓는다. 취향에 따라 셀러리 소금과 후추로 간을 한 다음, 셀러리 스틱과 라임 웨지로 장식한다. 즉시 내놓는다.

4인분

코코넛 아일랜더

COCONUT ISLANDER

재료

파인애플 1개
파인애플 주스 100ml
코코넛 버터 2큰술
우유 100ml
으깬 파인애플 2큰술
코코넛 플레이크 3큰술
파인애플 잎, 체리(장식용)

1. 파인애플 윗부분을 잘라 내고 과육을 파낸다. 과육 중 일부는 사용하고, 나머지는 다른 요리나 음료를 위해 따로 둔다.

2. 재료를 모두(장식용 제외) 약간의 잘게 부순 얼음과 함께 블렌더에 넣고 30~40초 동안 돌린다.

3. 부드럽게 거품이 고루 생기면 파인애플 껍질에 붓고, 파인애플 잎과 체리로 장식한다. 빨대와 함께 즉시 내놓는다.

10인분

크랜베리 펀치

CRANBERRY PUNCH

재료

크랜베리 주스 600ml
오렌지 주스 600ml
물 150ml
간 생강 ½작은술
시나몬 ¼작은술
강판에 간 육두구 ¼작은술
크랜베리(장식용)

1. 재료를 소스팬에 넣고 한소끔 끓인다. 약불로 줄이고 5분 동안 뭉근하게 끓인다.
2. 불에서 내려 내열 유리 저그나 볼에 붓는다. 냉장고에서 차게 식힌다.
3. 냉장고에서 꺼낸 다음, 잔에 깬 얼음을 넣고 펀치를 나누어 붓는다. 칵테일 스틱에 크랜베리를 꿰어 장식한다.

6인분

무알코올 핌스

NON-ALCOHOLIC PIMM'S

재료

레모네이드 600ml(차게 식힌다)
콜라 450ml(차게 식힌다)
드라이 진저 에일 450ml(차게 식힌다)
오렌지 1개의 주스
레몬 1개의 주스
앙고스투라 비터스 몇 방울
과일 슬라이스, 민트 가지(장식용)

1. 액체 재료를 커다란 저그나 펀치 볼에 넣고, 충분히 섞는다.
2. 과일 슬라이스와 민트를 띄운 다음, 냉장고 안에 넣고 차게 식힌다. 내놓기 직전에 각 얼음을 넣는다.

찾아보기

ㅅ

ㅌ

ㅍ

ㅎ